HYDROPOWER SUSTAINABILITY ASSESSMENT BASED ON ECOLOGICAL COST

水能资源开发适宜性评价

陈 贺　冯 程　杨 林　邢宝秀　等编著

化学工业出版社

·北京·

《水能资源开发适宜性评价》基于水能资源开发过程中生态环境保护和管理的需求，通过基础水文、环境、生态调查，辨识水能资源开发对水生态系统的影响，量化生态成本，建立基于生态成本的水能资源开发适宜性评价方法。

《水能资源开发适宜性评价》适合水利研究领域的科研和管理人员阅读，也可供高等院校相关专业师生参考。

图书在版编目（CIP）数据

水能资源开发适宜性评价/陈贺等编著．—北京：化学工业出版社，2016.2

ISBN 978-7-122-26130-4

Ⅰ.①水…　Ⅱ.①陈…　Ⅲ.①水电资源-资源开发-适宜性评价　Ⅳ.①TV7

中国版本图书馆 CIP 数据核字（2016）第 013148 号

责任编辑：宋湘玲　　文字编辑：荣世芳

责任校对：王素芹　　装帧设计：张　辉

出版发行：化学工业出版社（北京市东城区青年湖南街 13 号　邮政编码 100011）

印　　装：大厂聚鑫印刷有限责任公司

710mm×1000mm　1/16　印张 11¾　字数 207 千字　2015 年 12 月北京第 1 版第 1 次印刷

购书咨询：010-64518888（传真：010-64519686）　售后服务：010-64518899

网　　址：http://www.cip.com.cn

凡购买本书，如有缺损质量问题，本社销售中心负责调换。

定　　价：49.80 元

《水能资源开发适宜性评价》编写人员

陈　贺　冯　程　杨　林
邢宝秀　魏国良　李安定

前言

水能资源作为可再生新能源，对协调我国能源结构有着重要的作用。世界上的许多国家非常重视水能资源的开发，我国水能资源丰富，蕴藏着巨大的潜力。我国对水能资源的开发日益重视，各省特别是西南地区对水电开发的规划日益增多，人们希望通过水电开发带来巨大的经济效益。但是作为自然的一分子，人类在追求自身利益的同时，也需要平衡自然的利益，因此研究水电开发对自然环境的适宜性变得尤为重要。《水能资源开发适宜性评价》以澜沧江水电站为例，研究建坝前后水电站对自然环境的影响，从而确定水电站建设的适宜性。

《水能资源开发适宜性评价》主要包括以下内容：绪论；水能资源开发基础数据调查方法；水生态系统对水能资源开发的响应；水能资源开发生态成本表征与量化；水能资源开发适宜性评价方法；单级和梯级水能资源开发适宜性评价；流域尺度水能资源开发适宜性评价；面向水电开发适宜性调度的浮游植物碳流评估与调控。本书由陈贺负责大纲编写和统稿工作。其中，第一章、第六章和第七章由陈贺、冯程负责编写，第二章由杨林、冯程负责编写，第三章由冯程、杨林负责编写，第四章由李安定、魏国良负责编写，第五章由冯程、邢宝秀负责编写，第八章由冯程、陈贺负责编写。

《水能资源开发适宜性评价》适合水利领域相关科研人员阅读，也可为相关管理部门提供管理参考。

编著者

2015 年 11 月

目录

第五章 水能资源开发适宜性评价方法

第六章 单级和梯级水能资源开发适宜性评价

第七章 流域尺度水能资源开发适宜性评价

第八章 面向水电开发适宜性调度的浮游植物碳流评估与调控

第一章　绪　　论

第一节　水能资源开发

能源作为国民经济发展的重要物质基础，提供着巨大的发展动力，对社会现代化进程和人民群众生活水平的提高起着积极的促进作用。我国的常规能源有煤炭、石油、天然气、水能等，其中，水能资源作为可再生的清洁资源在我国的能源供应结构中占据着重要位置。水能资源的开发不仅能对经济发展提供电力保障，还能在防洪、灌溉、蓄水等方面获得社会效益，并且能够减少对煤炭、石油等非可再生资源的消耗，对国家的可持续发展做出了重大的贡献。

我国的水能资源十分丰富，总量居于世界首位，远高于俄罗斯和美国。根据2005年《中华人民共和国水力资源复查成果》，全国水力资源理论蕴藏量为6.94×10^8kW，年理论发电量为6.08×10^{12}kW·h，平均功率为6.94×10^8kW；技术可开发装机容量5.42×10^8kW，年发电量2.47×10^{12}kW·h；经济可开发装机容量4.02×10^8kW，年发电量1.75×10^{12}kW·h。发达国家的水力资源开发程度比较高，平均为60%以上，其中美国为82%，加拿大为65%，德国为73%。世界上发达国家的水力资源开发程度基本上都在80%左右，我国的水力资源开发程度到目前为止，经济开发程度已经超过了50%。我国水力资源开发程度相较之下并不高。根据统计，全世界有24个国家通过水力资源发电为其提供90%以上的能源，比如巴西、挪威等国家，有55个国家通过水力资源发电为其供应50%以上的能源，如加拿大、瑞士等国，截至2013年，我国水电供应22.9%的能源。我国政府于2009年公布了节能减排目标，到2020年单位GDP的CO_2排放量与2005年的相比将下降40%～45%。水力资源的开发通过河流本身的落差将水的势能转化成电能，在这个过程中并不产生温室气体或污染物。以水力资源开发作为优先发展的战略，将会为实现能源结构平衡和节能减排目标做出巨大贡献。

从空间分布来看，我国的水力资源分布非常不均衡，总体呈现出西部多、东部少的态势。我国的水能资源相对集中于西南地区，而当地的水能资源开发程度仅为17%，相较之下经济相对发达、能源需求数量更大的东部地区在水力资源量极少的情况下开发程度竟然达到了70%以上。西南地区水能资源的开发对于推进西部大开发，实现“西电东输”的战略政策，均衡区域经济社会发展有着积极的推动作用。云南省的水力资源仅次于西藏、四川两个水力资源大省，位于全国第三位。云南省的水力资源主要分布在西部地区和北部地区，接着是东部地区和南部地区，中部地区最少。云南省82.5%的水力资源分布在金沙江、澜沧江、怒江三大流域。

水能资源的开发像一把双刃剑，一方面对国家经济发展提供持续的能源保障，另一方面又对生态环境造成不同程度的影响。国内外各界人士对此进行着激烈的争论，但是从我国目前的国情以及未来的发展目标来看，水能资源的开发仍然是非常有必要的，我国经济持续、快速的增长离不开水能资源的开发。因此我们关注的焦点在于如何正确地、综合地看待水能资源开发过程中产生的各种利弊效应并对其适宜性进行全面评估，开发适用于管理者实际工作的方法，对水电站工作进行研究，从而实现趋利避弊的开发目标。

第二节 研究进展

一、水能资源开发的生态环境影响

1. 对河流水文情势的影响

大坝的建设首要改变的是河流水文情况，表现为改变了最高和最低流速的持续时间、频率和大小，从本质上来讲，水坝的功能在于平衡最低流量和最高流量之间的差别，这种功能对于雨旱季明显区域的水库来讲表现得最明显。这种变化，使得库区水体滞留时间被大大延长，库区表层水温升高、水体搅动减少、温度跃层出现，透明度增加，尤其是颗粒的减少和搅动的减少，使得光照条件进一步改善。从纵向上来讲，大坝对河流水文条件的改变程度也有差异，以澜沧江为例，从入河口到坝前中间途经过渡区，大坝对水文条件的改变程度依次为25.2%、25.3%和29.1%，整体来看，大坝对河流水文条件的改变很大，同时越靠近大坝，水流流速越缓，相较于建坝前，河流水文条件的改变率最大。

2. 对营养盐循环的影响

关于梯级大坝库区水文条件对营养盐结构的影响研究进行得不多，但梯级大坝库区是单一库区的叠加，因此单一库区水文条件对营养盐结构的影响在梯级大坝群中也是存在的。单一库区水文条件对营养盐结构的影响研究进展可以作为参考。

大坝的建成使得河道天然水文情势被改变的同时，也打破了库区水体营养盐的原本结构。相对于天然河道，库区流速的减小，悬浮物对营养盐吸附作用的增加，变温层的改变，平流运动的改变，出流口的位置以及水力停留时间等因素改变着水体中生命有机体和营养盐在不同空间尺度的分布，水体环境发生改变并影响到水体和沉积物中水生生物及沉积物细菌的种类、组成及分布。

大坝水文情势对营养盐的影响主要表现为对营养盐尤其是磷和硅的“截留”作用以及对碳和氮循环的影响，以及由此引发对下游河流、河口和近海水质的影响。氮和磷是组成浮游生物与生命体的重要元素，在不同的水质状态下，氮和磷对浮游生物的影响有显著区别。氮元素是造成湖泊和水库富营养化的限制因子，但在平时，磷元素却是影响浮游生物种类和数量的限制性因子。河流有机颗粒是有机物尤其是磷和氮元素存的重要形式，水坝的建设，使得河流水流变化，沉积速率变大，更多有机颗粒以沉积物形式沉积在库底，使得水库成为重要的氮汇和磷汇。研究显示，法国塞纳河上游的三个大型水坝（Marne、Seine、Aube）的建成导致60％的磷、50％的硅以及40％的氮被截留在库区。浮游生物既是有机碳的生产者也是其消耗者，大坝建成后，水体流动性减低，透明度增加，更适应浮游生物的生长，有机碳量的多少与浮游生物的多少呈现相互牵制的作用。大坝对下游以致河口和近海区域的影响，更多地表现在大坝建成后改变了下游的水文情势，使得入海口处流量变少，造成海水入侵，河口平原盐碱地增加，而大坝对营养盐尤其是氮和磷具有截留作用，淡水流量和颗粒物的减少，使下游河口平原的生态受到了严重影响，近百年来，科罗拉多河三角洲生态系统正呈现逐渐衰退的状态。

沉积物对库区营养盐的影响，一方面表现在沉积物对水质中有机质、重金属、大分子物质等成分的吸附作用，这些物质也是构成库区沉积物的主要成分；另一方面，作为水库生态系统中的一个重要活跃单元，沉积物中氮、磷的内源性释放直接影响水体富营养化。沉积物中有机物的分解是库区中氮的主要来源，相较于氮，磷更多以无机物形式存在，影响磷释放的因子主要是库区环境的理化性质，如温度、氧化环境、矿化作用，当然也包括一定程度的生物分解。无论是氮还是磷的释放，微生物在沉积物中有机物的分解过程中都扮演着至关重要的作用。因此，研究沉积物中微生物的群落活性与多样性对进一步讨论沉积物中营养盐释放对水质的影响有重要的意义。

3. 对浮游动植物、底栖微生物的影响

河流节流蓄水后，生物群落随生境变化经过自然选择、演替而形成新的平衡。水库形成后，因流速降低、透明度增加等因素，水生态系统体系由以底栖附着生物和喜激流为主的“河流型”异样体系向以浮游生物为主的“湖沼型”自养体系演化。河流生态系统中的碳、氮、磷等生源要素是生物生存的要素，而生物作用过程又是控制或影响河流/水库系统内生源物质循环更新的重要环节。浮游动物是河流生态系统的初级生产力，浮游动物则是初级消费者，而底栖微生物多为分解者，三种生物构成了河流生态系统食物网结构中的底层群体，也是河流生态系统中物质流和能量流的重要基础。

流速是河道型水库生态系统的一个重要生态因子，其对浮游植物的影响已经得到很多研究者的证实。国外关于水流对浮游生物的影响的研究始于 20 世纪 60 年代，当时的研究更多运用实验手段，验证了浮游生物尤其是浮游植物其种类和种群更替过程中会受到流速的影响。福迪依据藻类对流水的适应程度将藻类分为急流藻类、中流水藻类以及喜流藻类。近些年来，由于人类活动的干扰，尤其大坝的建设使得水流滞缓，水体中的湍流等运动降低，水体富营养化严重，影响浮游植物藻类生长的水动力学因子又细分为水库排放量、水体流速、入库流量以及湍流等。在对阿迪杰河连续一年的水质水量和浮游植物的监测过程中发现，流速低而又在升温期的春季是藻类生物量最高的季节，而随着流量的增加，藻类生物量有明显减少趋势。另外，库区中存在的另外一种广泛的水体运动形式——湍流对浮游植物的影响因种类而有明显差异，Li 等的研究显示水体的流动对浮游植物生物量的影响高于其对种类的影响，而且不同种类的浮游植物对流速的要求不同，不过剪切流速增加对藻类细胞的破坏度。

水动力学因子对沉积物细菌的影响已经有很多研究，水流会影响沉积物细菌种类和细菌活性。适当的湍流能够促进微生物的生长，Hondzo 的研究显示大肠杆菌的生长在克尔莫格罗夫速度影响下是静止水流下的 5 倍。在对溪流底层沉积物的微生物膜空间异质性研究的过程中发现，水动力学的异质性对沉积物细菌的组成起到了近 47%的作用，沿水流方向，细菌生产力和原生动物种类有明显的渐变。

水体中存在着大量水生生物群落，各类水生生物之间以及水生生物与其赖以生存的水环境之间都存在着相互依赖、相互依存又相互制约的密切关系。水体环境改变时，各种不同水生生物由于环境的要求和适应要求不同，对环境因子改变有不同反应。浮游植物作为水体环境中重要的初级生产力，其对水环境系统的反映已经被很多人研究，浮游植物对水质和其他生物因子之间有指示性作用。Mineyeva比较贝加尔湖、兴凯湖以及贝加尔湖干流水库和叶尼塞河水库中浮游植物群落结构发现，浮游植物对营养盐的浓度和成分很敏感，其光合作用活性主要取决于营养盐浓度和光照，然而浮游植物初级生产率和分解率则受水体水文条件和地形地貌的影响较多。一般情况下，肘状针杆藻（*Synedra ulna*）和金藻（*Chrysophyceae*）等常分布于贫营养型水体；中营养型水体则以硅藻（*Diatom*）、脆弱刚毛藻（*Cladophara fracta*）、美洲眼子菜（*Potamogeton americanus*）等为主；绿色裸藻（*Euglena viridis*）、静裸藻（*Euglena caudate*）及小颤藻（*Oscillatoria tenis*）等主要生活在中营养型水体中。

浮游动物包括原生动物、桡足类、轮虫和枝角类，由于浮游动物较易受到水温、pH、盐度以及有毒污染物的影响，因此利用浮游动物可以对各环境因子做出相应指示作用。利用浮游动物评价水质的研究起源已久，时至今日，关于浮游植物对各环境因子和水生态状态的研究已经相对比较成熟，总结前人研究成果，可以发现，钟虫（*Vorticella*）、无饼钟形虫、沙壳虫（*Dfflugia* sp.）等主要生活在清水型或寡污性水体中，而喇叭虫、草履虫、底栖泥溞等生活在污水型或富营养性水体中。

沉积物是化学物质的聚集，也是微生物生存的场所，沉积物上活跃着物理的、化学的、生物的各种反应，这些反应的强度与规模因周围环境、沉积方式和物质汇入方式而有差异。沉积物中的微生物活动对整个水生系统状况有重要影响。一方面，周围环境中的化学物质通过自然沉降等途径传递到沉积物中，并作为营养物质为微生物提供生命活动所需原料。而另一方面，微生物通过代谢活动，影响沉积物中氮、磷等营养物质的循环，这些物质通过微生物自身或其他方式进入水体，影响水体营养化水平。无论是海洋还是淡水流域的沉积物，细菌生产力都对基质的成分和温度有重要影响。水环境中，微生物降解和可溶性无机物的消化是决定无机物和有机物之间相互转化速率的关键步骤，沉积物中微生物群落对营养盐和水文动力学因子也表现出不同的反馈机制。

微生物具有新陈代谢快、种类多、数量巨大等特点，利用微生物指示水环境状况更具时效性，其中大肠杆菌是最为常用的水体有机污染指标。通常的，异养菌指标可以直观地指示水域有机物的污染程度。沉积物是水环境中微生物生长的温床，病原性细菌埃希杆菌属生存于沉积物表层，受水体环境和沉积环境的双重影响，也是人们常用来监测水质健康状况的重要菌种。除了一些具体种类，细菌群落的多样性和结构也是水质环境一定程度上的表现。Wobus 比较了四个不同营养状态水库（Neunzehnhain，Muldenberg，Saidenbach，Quitzdorf）沉积物中细菌的多样性，细菌多样性在不同营养状态的水库中都有明显差异，Meyer 的研究显示沉积物通过改变细菌活性对外源性有机物做出迅速反应，以更快地适应新环境。

水生生物之间彼此依赖、相互依存，浮游植物、浮游动物以及沉积物细菌群落之间有着千丝万缕相互牵连、相互制约的关系。浮游植物是河流生态系统的初级生产者，处于食物网的底层，数量和种类都最为庞大，是水体中溶解氧的主要供应者，同时也是浮游动物和部分鱼类的主要食物来源。浮游动物多半以浮游植物为食，所以关于浮游植物与浮游动物构成的短食物链的研究很多。孙军等考察了东海春季水华浮游生物生长与微型浮游动物摄食，并发现微型浮游动物的摄食在水华爆发前对浮游植物群落的生长有控制作用。

底泥沉积物是构成河流生态系统的重要部分，也是河流中氮元素、磷元素释放和汇聚的源泉。沉积物和水体之间的交互一直通过物理生物化学的方式在进行。同时，沉积物是底栖微生物的重要栖息地，水体会影响沉积物环境进而影响表层底泥的生物化学作用，并进一步影响到底栖微生物的结构和组成。关于底栖微生物与浮游生物之间的研究，主要集中在可往返于底泥和水体表面之间的浮游植物群体的研究，部分浮游植物如蓝藻类早期生活在沉积物表层，后随水流运动浮上表层。水生生物之间的相互关系，一方面体现在水生生物生长周期内数量的相互影响，Head 和 Rengefsson 等的研究显示底层项圈藻的细胞数量会直接影响浮游项圈藻的生长。另一方面表现在不同水生生物间的相互影响，如巨冬季头轮虫会随着底层营养物的增加而增加，伴随此底层叶绿素 a 的数量是夏天数量的 3.4 倍。

4. 梯级水电开发研究进展

人类水电开发历史已经有 100 多年，19 世纪 70 年代末，一些国家如法、德、英、美等开始建设小型水电站。由于水电梯级开发效益较大，世界各国普遍重视流域的梯级开发，国外关于流域开发比较成功的案例有位于美国和加拿大境内的哥伦比亚流域、美国东南部的田纳西河流域、科罗拉多河流域、卡罗尼河流域、伏尔加河流域等。因流经区域或国度的差异，气候和目标的不同等因素影响，各流域梯级开发方案各异，但水能资源利用率却得到了很大提升。以哥伦比亚流域为例，半个世纪以来，在美国和加拿大的共同努力下，干流全长 1940km 的水道上分了 15 个梯级开发，水力资源获得充分利用。

国内水电实行“流域、梯级、滚动、综合”的开发方针，涌现出了以清江模式为代表的集中开发模式。20世纪80年代后期，我国继以礼河、猫跳河几条江河后，对流域滚动进行开发探索，东北各流域、黄河流域、长江流域等几条代表河流先后进入实施阶段，这也标志着我国水电流域梯级综合开发开始进入大规模的实施阶段。以黄河流域为例，在全长1023km的河段上，规划建设了龙羊峡、拉西瓦、公伯峡、积石峡、寺沟峡、刘家峡、盐锅峡、八盘峡、大峡、乌金峡、黑山峡、大柳村、青铜峡等梯级电站。

梯级电站定义中认为梯级电站间的相互影响因素主要有营养盐、出口深度、河水滞留时间、库区的形态等。梯级大坝对河流生态系统的影响有共性也有个性。共性表现在，大坝的建设改变了河流原有的演进和变化过程，严重影响了河流生态系统的结构和功能。个性则表现为以下几个方面。

① 累积性。梯级开发对环境影响的突出特点就是累积性，即多个单一工程的累积效应。具体表现为对营养盐的多层阻隔效应，使得河流富营养化和重金属污染趋势加剧，而且河流上布置工程越多，资源开发利用程度越高，河流累积效应越明显。

② 波及性。梯级开发的波及性体现在上游工程的运行状况，会牵连下游工程的正常运行，即如果一个库区水质受到污染，必然会影响到下游工程水质，使得下游工程的正常运行受到影响。

③ 潜在性。梯级开发对环境的影响是复杂的，多级水电开发可能会诱发地震、塌岸、滑坡等，这些次生灾害可能会同时发生也可能单独发生。另外，大坝对泥沙的富集作用，使得有毒有害物质沉积于库区，这些物质可能是潜在的二次污染源，这些潜在危害存在着一定的不可预知性，并只有在开发利用后，这种潜在效益才会显示出来。

综上，梯级开发对河流生态系统的影响复杂而严峻，而关于梯级水电站对河流生态系统各因子影响的研究并不多，本研究中将对照单一大坝对河流生态系统的研究进展，讨论梯级水电开发对河流生态系统影响。

二、水电开发相关评价方法

1. 水电环境影响评价

由于社会经济的快速发展和科学技术水平的迅速提高，人类对自然的认识越来越深入，越来越重视人类活动对自然造成的干扰，于是将环境影响评价在人为工程规划之初就纳入考核范围。环境影响评价（Environment Impact Assessment，EIA）是对人类的生产或生活行为（包括立法、规划和开发建设活动等）可能对环境造成的影响，在环境质量现状监测和调查的基础上，运用模式计算、类比分析等技术手段进行分析、预测和评价，提出预防和减缓不良环境影响措施的技术方法。20 世纪 50 年代初期，由于核设施环境影响的特殊性，开始系统地进行了辐射环境影响评价。1969 年，美国成为世界上第一个建立环境影响评价制度的国家，随后相继在瑞典（1970 年）、新西兰（1973 年）、加拿大（1973 年）、澳大利亚（1974 年）、马来西亚（1974 年）、德国（1974 年）等建立了环境影响评价制度。我国在 1979 年正式确立环境影响评价制度。随着人们对环境理论的深入研究以及实践的不断验证和反馈，环境影响评价的内容在不断地扩展和增加。在研究对象上，之前只考虑对水资源、大气、声环境这些非生物因素的影响，扩展到对生态系统生物因素的影响，并且还开展了风险评价以及环境的累积性影响。在研究时间上，不仅在工程建设前进行影响评价，在工程竣工后运营期进行后评价。20 世纪 80 年代末期，环境影响评价成为水力资源开发项目在项目规划以及决策阶段的一部分，其研究成果为水力资源开发项目整个生命周期的生态环境保护工作提供参考依据。20 世纪 90 年代起，美国、加拿大等国家对水力资源开发项目的生态环境影响评价更为重视，环境影响评价的研究对象涵盖了水生及陆地生态系统。在研究方法上，经过多年的发展，越来越多其他领域的方法运用到环境影响评价中来，如景观生态学、遥感、地理信息系统（Geographic Information System，GIS）。Şahin 使用 GIS 技术和地质条件对 Seyhan-Köprü 水坝对当地景观价值的影响进行了环境影响评价，结果显示从景观保护的角度来看，水土流失风险越高的地区景观价值越高。Aspinall 等运用遥感、景观生态分析以及 GIS 对黄石河上游的流域进行了评价。Lathrop 等应用基于 GIS 的评价方法和景观生态学原理，从土地保护优先的角度出发对 Sterling 森林进行了环境敏感性评价。

环境影响评价从自然环境影响评价发展到社会影响评价，与自然环境影响评价不同，社会影响评价将人类社会、经济、历史和文化等作为评价主体。20 世纪 70 年代早期，美国开始在水资源开发、城市土地开发项目中开展社会影响评价，并于 1994 年 5 月颁布了社会影响评价指南和原则，形成了比较规范的环境和社会影响评价体系。1998 年起，世界银行将社会影响评价作为项目准备、建设和运行阶段必做的内容之一，对项目实施的整个周期进行影响评价。并且，对于一些重要的建设项目还要进行社会影响的后评价。世界银行将社会影响评价与技术分析、财务评价、环境评价放在了同等重要的地位。社会影响评价的评价对象因为研究区域、项目的不同不可能完全罗列，各个项目会因为所处地区、政府政策的不同而有所区别，以下是一些重要的社会影响评价对象：①人口统计，指人口数量和组成的变化，包括迁入人口、迁出人口、旅游人数等；②经济，指与人类生存生活息息相关的社会经济活动，包括经济活动的多样化、通货膨胀、经济活动的集中等；③地理，指由于项目的实施、运行所产生的土地利用类型的变化，如城市扩张、城镇化、土地类型分化等；④制度和法律，指政府和公益组织制度结构的效率和有效性；⑤赋权，指当地居民参与与自己生活息息相关的项目的决策能力，包括提高当地居民的知识水平、技术水平和能力技巧等；⑥社会文化，指当地居民的生活习惯、城乡聚落、历史文化等。现在社会影响评价成为环境影响评价的重要组成部分，为工程建设、运行对环境的影响进行更为全面的衡量。Slootwel 根据生态环境与社会活动的相互影响，对环境影响评价和社会影响评价进行了整合，建立了社会和环境影响的综合理论框架。社会影响评价运用在水电开发的环境影响评价中。付鹏在水电开发环境影响评价中重点考虑了社会影响评价，对社会环境影响和水电项目对社会经济的贡献指标进行了详细的列举，对怒江的水电梯级开发项目进行了评价，结果表明工程产生的正效应大于负效应，工程建设可行。

综上所述，环境影响评价从开始单一的开发项目环境影响评价，逐步扩展到区域环境影响评价以及后来的战略环境影响评价，环境影响评价的评价方法随之不断地发展、更新。随着环境问题变得越来越复杂，人们对环境影响的认识和研究不断深入，后来发展了累积环境影响评价、区域环境影响评价以及战略环境影响评价。

2. 绿色水电认证

为了评估水电与环境的相适性，欧美的一些发达国家制定了水电开发评估相应的评估规范、技术标准以及技术指南。其中比较有代表性的有瑞士的绿色水电认证、国际水电协会的水电可持续性评估规范以及美国的水电评估工具。借鉴发达国家的相关经验，对我国评估水电开发适宜性有着积极的参考作用。

瑞士联邦水科学技术研究所（Swiss Federal Institute of Aquatic Science and Technology，EAWAG）于 2001 年建立了绿色水电认证，涵盖了生态相关的水文特性、河流连通性、地质形态、景观生境以及生物群落五个方面，以及管理相关的生态基流、峰值管理、水库管理、泥沙管理以及电站结构设计五个方面。水电项目生命周期和风险评估往往将重点放在水电站的管理以及水电站对周边环境的影响。而生态评估恰恰相反，它的评价重点是生态系统的功能，并没有对引起生态负影响的原因进行研究。绿色水电认证将这两种方法的评价观点进行了整合。绿色水电认证的评估基于以下两个生态评估原则：第一个原则是关注非生物因子，如河流形态、水文（水力）特征、假设健康的生物群落源于完整的生物栖息地，按由下至上的角度进行评估。第二个原则是关注种类或者群落生物因子，假定生物分析可以作为综合评估的工具，按由上至下的角度进行评估。水电认证的环境管理矩阵见表 1-1。

表 1-1 绿色水电认证环境管理矩阵

环境领域	生态基流	峰值管理	水库管理	泥沙管理	电站结构设计
水文特性	遵循自然流量的季节性变化	有效调节流量便于生物迁徙	在流量最大的时候保证水库泄水	保证最小流量以保持河流正常的泥沙输移和河岸侵蚀	保证最小流量
河流连通性	保证河流与地下水、支流的连通，以及生物的迁徙	防止水生物在岸边搁浅	鱼类在自然状态下能通过水源	保证与支流地理形态上的连通性	保证鱼类通道
地质形态	保证河床的自然形态		避免河床出现过度淤泥或冲刷	允许泥沙的正常沉积	优化水坝设计以平衡尾水的泥沙水平
景观生境	维持水力特性，保护洪泛平原	保持河流的特殊景观，并且可以进行安全的娱乐活动	保护生物栖息地	允许泥沙的正常沉积以保护特有的河岸景观	保护区内不能修建新的工程，改良生物通道
生物群落	保护生物多样性	减少对生物多样性的长期损害，保护栖息地的多样性	保证水库泄水不影响稀有物种和濒危物种	保证典型河岸栖息地的形成	避免野生动物受到机器设备的伤害

瑞士作为世界上水电产量最高的国家之一，绿色水电认证自 2001 年以来已经成功应用于瑞士的 60 多个水电工程，并且被欧洲绿色电力网确定为欧洲技术标准，向欧盟其他国家推广。禹雪中等对绿色水电研究较多，结合中国水电的特点，对建立我国绿色水电认证制度、评价体系以及评级方法进行了研究。

3. 国际水电协会的水电可持续性评估规范

国际水电协会于 2009 年发布了《水电可持续性评估规范》，此规范是评价水电可持续性的评估框架，分阶段进行评价，包括规划阶段、实施阶段、运营阶段。规划阶段又分为项目的前期准备阶段以及项目准备阶段，前期准备阶段主要从战略的角度评估项目，项目准备阶段主要通过针对项目本身的一个全方位考察进行环境影响评价。每个阶段均从以下四个方面来进行评估，包括环境、社会、技术、经济。具体各部分评价指标见表 1-2。

表 1-2　水电可持续性评估规范

前期阶段	项目准备	项目实施	项目运行
1. 需求论证 2. 方案评估 3. 政策与规划 4. 政治风险 5. 机构能力 6. 技术问题和风险 7. 社会问题和风险 8. 环境问题和风险 9. 经济和财务方面的问题和风险	1. 沟通与协商 2. 管理机制 3. 需求论证和战略符合性 4. 选址和设计 5. 环境和社会影响评价及管理 6. 项目综合管理 7. 水文资源 8. 基础设施安全 9. 财务生存能力 10. 项目效益 11. 经济生存能力 12. 采购 13. 项目影响社区及生计 14. 移民安置 15. 土著居民 16. 劳工及其工作条件 17. 文化遗产 18. 公共卫生 19. 生物多样性和入侵物种 20. 泥沙冲刷和淤积 21. 水质 22. 水库规划 23. 下游水文情势	1. 沟通与协商 2. 管理机制 3. 环境及社会问题管理 4. 项目综合管理 5. 基础设施安全 6. 财务生存能力 7. 项目效益 8. 采购 9. 项目影响社区及生计 10. 移民安置 11. 土著居民 12. 劳工及其工作条件 13. 文化遗产 14. 公共卫生 15. 生物多样性和入侵物种 16. 泥沙冲刷和淤积 17. 水质 18. 废弃物、噪声和空气质量 19. 水库蓄水 20. 下游水文情势	1. 沟通与协商 2. 管理机制 3. 环境及社会问题管理 4. 水文资源 5. 资产可靠性和效率 6. 基础设施安全 7. 财务生存能力 8. 项目效益 9. 项目影响社区及生计 10. 移民安置 11. 土著居民 12. 劳工及其工作条件 13. 文化遗产 14. 公共卫生 15. 生物多样性和入侵物种 16. 泥沙冲刷和淤积 17. 水质 18. 库区管理 19. 下游水文情势

以上在项目准备、实施、运营阶段，每个阶段包含的各个主题得分划分为1～5个等级。其中，3分和5分的说明为其他分数的划分提供了重要而明确的标尺。3分表示对某一主题的可持续性评估为基本良好实践，并且在所有背景下的项目应向这个做法看齐。5分表示对某一主题的可持续性评估为在大多数国家背景下被证实为最佳实践。其他等级以3分和5分作为标准，分别以与3分的差距大小划分等级。《水电可持续性评估规范》非常全面地囊括了项目实施的各个阶段以及各个阶段可能产生的影响。在具体运用中，需要针对项目的实际特点对指标进行筛选，并且需要使用者自己确定具体的指标评价方法。

4. 梯级水电开发

梯级水电开发不同于单级水电开发，梯级水电开发对环境表现出累积影响，是单级水电环境影响的综合。累积影响最早是由美国提出的，1978年美国环境质量委员会在《国家环境政策法（NEPA）》中正式提出累积影响的定义，即“一项活动与其它过去、现在和可以合理预见的将来的活动结合在一起时产生的对环境增加的影响……累积影响来源于发生在一段时间内，单独的影响很小，但集合起来影响却非常大的活动”。单级水电开发对环境的影响在一定范围内，而梯级水电开发则会对整个流域环境产生影响。单级水电开发建设施工时造成水土流失，破坏库区周围的生态景观，这个影响有一定的范围局限，而梯级水电开发会因为多级水电的建设而造成大范围的水土流失、植被破坏、自然景观损坏的现象。单级水库蓄水可能引发地震，而梯级水电开发会造成单个水库之间产生单向或者双向的影响而引发地震。何大明等对澜沧江梯级水电站对水文情势的影响进行了研究，结果表明已建的水电站对下游水文情势的扰动是有限的，水电站的修建并没有影响澜沧江下游河流的水质。Zhai 等以澜沧江为例，建立河流生态完整性指数，并对澜沧江梯级水电站和怒江规划建设梯级水电站对生态的影响进行了预测，结果表明梯级水电完全建设以后，澜沧江河流生态完整性指数有明显的下降，怒江生态环境将会有剧烈变化。景观的破碎化程度、多样性与水电开发程度密切相关，梯级水电开发对景观的影响比单级水电站影响之和还要巨大。累积影响包括时间上的累积和空间上的累积，进而累积影响的分析方法在时间和空间上各有侧重。目前国内外进行累积影响研究比较具有代表意义的方法主要有专家咨询法、核查表法、矩阵法、叠图法、GIS、情景分析法、环境数学模型法等。然而，由于水生境累积影响的特殊性，目前国内外尚无一种被广泛接受的方法可循。

目前梯级水电开发的影响主要集中在现象的描述，对梯级水电中单级水电彼此如何影响的机理研究并不多。由于梯级水电累积效应的复杂性，现在对累积效应并没有一个定论。以往的研究，有在时间变化上的累积效应，有空间变化上的累积效应，多是对发生这种变化的现象描述，但具体怎么影响的原因研究并不多。

三、浮游植物碳含量

浮游植物是水生态系统非常重要的初级生产力，它是水生态系统食物网的基石，对水生态系统的物质循环、能量流动和信息传递过程起着重要的作用。浮游植物的数量和群落结构深刻地影响着上一级营养级，以及主要的生物地球化学循环。一些学者认为浮游植物可以视为评价水生态栖息地转变和生态系统退化的指示标志。浮游植物对环境变化的反映非常迅速，如对河流富营养化的反映。碳元素是地球生物化学循环中较为稳定的参数，浮游植物细胞碳含量作为浮游植物生物量是研究水生态系统功能的重要部分。Wallhead 利用流式细胞分析以及多元回归分析对马尾藻海浮游植物的碳生物量进行了 22 年的时间序列分析。文献多是对水中溶解的有机碳流进行研究，对生物体内有机碳流的研究比较缺乏。Mullin等最早发现浮游植物细胞体积与碳含量之间有较强的相关性，之后Strathmann通过对硅藻的研究提出了浮游植物细胞体积与碳含量的经验公式，Eppley法、Tagueh法等经验公式也陆续出现。孙军在研究胶州湾生态动力学时，使用上述公式，结果发现Eppley法更适合中国近海海域浮游植物生物量的估算。戴明在研究珠江口近海海域浮游植物生物量时也采用了Eppley方法。以往对浮游植物细胞碳含量的研究主要集中于基础数据的采集、分析方面，今后可以在实验数据的基础上进行浮游植物细胞碳含量的理论研究。

参 考 文 献

[1] 董哲仁．怒江水电开发的生态影响［J］．生态学报，2013，26（5）：1591-1596.

[2] 贾金生．世界水电开发情况及对我国水电发展的认识［J］．中国水利，2004（13）：10-12.

[3] 贾泽辉．水电建设将迎来黄金发展期［J］．建筑机械化，2012，33（3）：19-21.

[4] 张志伟．基于AHP和TOPSIS的区域水能资源可持续开发评价研究［D］．天津：天津大学，2012.

[5] Magilligan，F J，Nislow K H. Changes in hydrologic regime by dams［J］. Geomorphology，2005，71（1）：61-78.

[6] 曾辉，宋立荣．长江和三峡库区浮游植物季节变动及其与营养盐和水文条件关系研究［J］．中国科学院研究生院（水生生物研究所），2006.

[7] Zhao Q，Liu S，Deng L，Dong S，Yang J，Wang C. The effects of dam construction and precipitation variability on hydrologic alteration in the Lancang River Basin of southwest China［J］. Stochastic Environmental Research and Risk Assessment，2012，26（7）：993-1011.

[8] Leitão M，Morata S，Rodriguez S，Vergon J. The effect of perturbations on phytoplankton assemblages in a deep reservoir（Vouglans，France）［J］. Hydrobiologia，2003，502（1-3）：73-83.

[9] Kelly V J. Influence of reservoirs on solute transport：a regional-scale approach［J］. Hydrological Processes，2001，15（7）：1227-1249.

[10] Josette G，Leporcq B，Sanchez N，Philippon X. Biogeochemical mass-balances（C，N，P，Si）in three large reservoirs of the Seine Basin（France）［J］. Biogeochemistry，1999，47（2）：119-146.

[11] Friedl G，Teodoru C，Wehrli B. Is the Iron Gate I reservoir on the Danube River a sink for dissolved silica［J］? Biogeochemistry，2004，68（1）：21-32.

[12] Humborg C，Pastuszak M，Aigars J，Siegmund H，Mörth C M，Ittekkot V. Decreased silica land-sea fluxes through damming in the Baltic Sea catchment-significance of particle trapping and hydrological alterations［J］. Biogeochemistry，2006，77（2）：265-281.

[13] Miller M P. The influence of reservoirs，climate，land use and hydrologic conditions on loads and chemical quality of dissolved organic carbon in the Colorado River［J］. Water Resources Research，2012，48（null）：W00M02.

[14] Abit S M，Amoozegar A，Vepraskas M J，Niewoehner C P. Soil and hydrologic effects on fate and horizontal transport in the capillary fringe of surface-applied nitrate［J］. Geoderma，2012，189：

343-350.

[15] Medeiros P R P, Knoppers B A, Cavalcante G H, Souza W F Ld. Changes in Nutrient Loads (N, P and Si) in the São Francisco Estuary after the Construction of Dams [J] . 2011.

[16] Ludwig W, Dumont E, Meybeck M, Heussner S. River discharges of water and nutrients to the Mediterranean and Black Sea: Major drivers for ecosystem changes during past and future decades [J]? Progress in Oceanography, 2009, 80 (3): 199-217.

[17] Turner R E, Rabalais N N. Nitrogen and phosphorus phytoplankton growth limitation in the northern Gulf of Mexico [J] . Aquat Microb Ecol, 2013, 68: 159-169.

[18] Xu H, Paerl H W, Qin B, Zhu G, Gao G. Nitrogen and phosphorus inputs control phytoplankton growth in eutrophic Lake Taihu, China [J] . Limnology and Oceanography, 2010, 55 (1): 420.

[19] Ramdani M, Elkhiati N, Flower R, Thompson J, Chouba L, Kraiem M, Ayache F, Ahmed M. Environmental influences on the qualitative and quantitative composition of phytoplankton and zooplankton in North African coastal lagoons [J] . Hydrobiologia, 2009, 622 (1): 113-131.

[20] Friedl G, Wüest A. Disrupting biogeochemical cycles-Consequences of damming [J] . Aquatic Sciences-Research Across Boundaries, 2002, 64 (1): 55-65.

[21] Josette G, Leporcq B, Sanchez N, Philippon X. Biogeochemical mass-balances (C, N, P, Si) in three large reservoirs of the Seine Basin (France) [J] . Biogeochemistry, 1999, 47 (2): 119-146.

[22] Carriquiry J D, Villaescusa J A, Camacho-Ibar V, Daesslé L W, Castro-Castro P G. The effects of damming on the materials flux in the Colorado River delta [J] . Environmental Earth Sciences, 2011, 62 (7): 1407-1418.

[23] 付鹏，陈凯麒，谢悦波等．考虑社会影响的水利水电开发环境影响评价方法 [J]．水利学报，2009 (8)．

[24] 张文丽．水电工程环境影响评估准则与量化分析方法研究 [D]．石家庄：河北农业大学，2007.

[25] 毛战坡，王雨春，彭文启，周怀东. 筑坝对河流生态系统影响研究进展 [J]．水科学进展，2005，16 (1)：134-140.

[26] Marker A, Collett G. Spatial and temporal characteristics of algae in the River Great Ouse I Phytoplankton [J] . Regulated Rivers: Research & Management, 1997, 13 (3): 219-233.

[27] Kocum E, Underwood G J, Nedwell D B. Simultaneous measurement of phytoplanktonic primary production, nutrient and light availability along a turbid, eutrophic UK east coast estuary (the Colne Estuary) [J] . Marine Ecology Progress Series, 2002, 231: 1-12.

[28] Whitford L, Schumacher G. Effect of current on mineral uptake and respiration by a fresh-water alga [J] . Limnology and Oceanography, 1961: 423-425.

[29] McIntire C D, Garrison R L, Phinney H K, Warren C E. Primary production in laboratory streams [J] . Limnology and Oceanography, 1964: 92-102.

[30] 禹雪中，冯时，贾宝真．绿色小水电评价的作用，内容及标准分析 [J]．中国水能及电气化，2012 (7)：1-7.

[31] 禹雪中，夏建新，杨静等．绿色水电指标体系及评价方法初步研究 [J]．水力发电学报，2011，30 (3)：71-77.

[32] Salmaso N, Braioni M G. Factors controlling the seasonal development and distribution of the phyto-

plankton community in the lowland course of a large river in Northern Italy (River Adige) [J]. Aquatic Ecology, 2008, 42 (4): 533-545.

[33] Li F, Zhang H, Zhu Y, Xiao Y, Chen L. Effect of flow velocity on phytoplankton biomass and composition in a freshwater lake [J]. Science of the Total Environment, 2013, 447: 64-71.

[34] Hondzo M, A Al-Homoud. Model development and verification for mass transport to Escherichia coli cells in a turbulent flow [J]. Water Resources Research, 2007, 43 (8).

[35] 安强，龙天渝，刘春静，雷雨，李哲. 雷诺数对藻类垂向分布特性的影响 [J]. 湖泊科学，2012，24 (5): 717-722.

[36] Besemer K, Singer G, Hödl I, Battin T J. Bacterial community composition of stream biofilms in spatially variable-flow environments [J]. Applied and environmental microbiology, 2009, 75 (22): 7189-7195.

[37] Mašín M, Jezbera J, Nedoma J, Straškrabová V, Hejzlar J, Šimek K. Changes in bacterial community composition and microbial activities along the longitudinal axis of two canyon-shaped reservoirs with different inflow loading [J]. Hydrobiologia, 2003, 504 (1-3): 99-113.

[38] 林喜茂，赵虎虎，张海平. 水体形态与浮游植物生物量和营养盐含量的相关性研究 [J]. 环境污染与防治，2012，34 (12): 41-45.

[39] O'Farrell I, Lombardo R J, P de Tezanos Pinto, Loez C. The assessment of water quality in the Lower Lujan River (Buenos Aires, Argentina): phytoplankton and algal bioassays [J]. Environmental Pollution, 2002, 120 (2): 207-218.

[40] Mineyeva N, Shchur L, Bondarenko N. Phytoplankton functioning in large freshwater systems differing in their resources [J]. Hydrobiological Journal, 2012, 48 (5): 19.

[41] Healey F, Hendzel L. Physiological indicators of nutrient deficiency in lake phytoplankton [J]. Canadian Journal of Fisheries and Aquatic Sciences, 1980, 37 (3): 442-453.

[42] Chen Y, Qin B, Teubner K, Dokulil M T. Long-term dynamics of phytoplankton assemblages: Microcystis-domination in Lake Taihu, a large shallow lake in China [J]. Journal of Plankton Research, 2003, 25 (4): 445-453.

[43] Ptacnik R, Lepistö L, Willén E, Brettum P, Andersen T, Rekolainen S, Solheim A L, Carvalho L. Quantitative responses of lake phytoplankton to eutrophication in Northern Europe [J]. Aquatic Ecology, 2008, 42 (2): 227-236.

[44] 吴波. 上海苏州河、黄浦江浮游植物群落结构及其对环境指示作用的研究 [J]. 上海师范大学学报，2006.

[45] Naumann E. A few comments on limnoplankton ecology with special reference to phytoplankton [J]. Sven Bot Tidskr, 1919. 13: 129-163.

[46] Wallhead P J, Garçon V C, Casey J R, et al. Long-term variability of phytoplankton carbon biomass in the Sargasso Sea [J]. Global Biogeochemical Cycles, 2014, 28 (8): 825-841.

[47] Taylor B W, Flecker A S, Hall R O. Loss of a harvested fish species disrupts carbon flow in a diverse tropical river [J]. Science, 2006, 313 (5788): 833-836.

[48] 赵怡冰，许武德，郭宇欣. 生物的指示作用与水环境 [J]. 水资源保护，2002，2 (12.16).

[49] Bai S, Lung W S. Modeling sediment impact on the transport of fecal bacteria [J]. Water Research,

2005，39（20）：5232-5240.

[50] Meyer-Reil L A. Benthic response to sedimentation events during autumn to spring at a shallow water station in the Western Kiel Bight [J]. Marine Biology，1983，77（3）：247-256.

[51] 孙军，宋书群，东海春季水华期浮游植物生长与微型浮游动物摄食 [J]. 生态学报，2009，29（12）：6429-6438.

[52] Head R，Jones R I，Bailey-Watts A. An assessment of the influence of recruitment from the sediment on the development of planktonic populations of cyanobacteria in a temperate mesotrophic lake [J]. Freshwater Biology，1999，41（4）：759-769.

[53] Rengefors K，Gustafsson S，Stahl-Delbanco A. Factors regulating the recruitment of cyanobacterial and eukaryotic phytoplankton from littoral and profundal sediments [J]. Aquatic Microbial Ecology，2004，36（3）：213-226.

[54] Bell E M，Weithoff G，Benthic recruitment of zooplankton in an acidic lake [J]. Journal of Experimental Marine Biology and Ecology，2003，285：205-219.

[55] Barbosa F，Padisák J，Espíndola E，Borics G，Rocha O. The cascading reservoir continuum concept (CRCC) and its application to the river Tietê-basin，São Paulo State，Brazil. Theoretical Reservoir Ecology and its applications [J]. Backhuys Publ. The Netherlands，1999：425-437.

[56] Chen J，Guo S，Li Y，Liu P，Zhou Y. Joint operation and dynamic control of flood limiting water levels for cascade reservoirs [J]. Water Resources Management，2013，27（3）：749-763.

[57] 民强. 环境影响评价相关法律法规 [M]. 北京：中国环境科学出版社，2009.

[58] 贾硕. 水利水电工程生态环境影响评价指标体系与评价方法的研究 [D]. 石家庄：河北农业大学，2011.

[59] Sahin S，Kurum E. Erosion risk analysis by GIS in environmental impact assessments：a case study——Seyhan Köprü Dam construction [J]. Journal of Environmental Management，2002，66（3）：239-247.

[60] Aspinall R，Pearson D. Integrated geographical assessment of environmental condition in water catchments：Linking landscape ecology，environmental modelling and GIS [J]. Journal of Environmental Management，2000，59（4）：299-319.

[61] Lathrop R G，Bognar J A. Applying GIS and landscape ecological principles to evaluate land conservation alternatives [J]. Landscape and Urban Planning，1998，41（1）：27-41.

[62] Interorganizational Committee on Guidelines and Principles for Social Impact Assessment. Guidelines and principles for social impact assessment [J]. Environmental Impact Assessment Review，1995，15（1）：11-43.

[63] 张明. 安徽省世行贷款人工林生态环境和社会影响评价研究 [D]. 中国林业科学研究院，2014.

[64] Vanclay F. Conceptualising social impacts [J]. Environmental Impact Assessment Review，2002，22（3）：183-211.

[65] Slootweg R，Vanclay F，van Schooten M. Function evaluation as a framework for the integration of social and environmental impact assessmen [J]. Impact Assessment and Project Appraisal，2001，19（1）：19-28.

[66] 付鹏，陈凯麒，谢悦波等. 考虑社会影响的水利水电开发环境影响评价方法 [J]. 水利学报，2009

(8).

[67] 张文丽．水电工程环境影响评估准则与量化分析方法研究［D］．石家庄：河北农业大学，2007.

[68] Bratrich C, Truffer B, Jorde K, et al. Green hydropower: a new assessment procedure for river management [J]. River Research and Applications, 2004, 20 (7): 865-882.

[69] Bratrich C, Truffer B. Green electricity certification for hydropower plants: concept, procedure, criteria [M]. EAWAG, Eidgenössische Anstalt für Wasserversorgung, Abwasserreinigung und Gewässerschutz, Projekt Ökostrom, 2001.

[70] 禹雪中，廖文根，骆辉煌．我国建立绿色水电认证制度的探讨［J］．水力发电，2007，33（7）：1-4.

[71] 禹雪中，冯时，贾宝真．绿色小水电评价的作用，内容及标准分析［J］．中国水能及电气化，2012（7）：1-7.

[72] 禹雪中，夏建新，杨静等．绿色水电指标体系及评价方法初步研究［J］．水力发电学报，2011，30（3）：71-77.

[73] 李巍，王淑华．累积环境影响评价研究［J］．环境科学进展，1995，3（6）：71-76.

[74] 杨小荟，黄乃安．梯级水库诱发地震的初步研究［J］．河北地质学院学报，1995，18（2）：166-170.

[75] He D, Feng Y, Gan S, et al. Transboundary hydrological effects of hydropower dam construction on the Lancang River [J]. Chinese Science Bulletin, 2006, 51 (22): 16-24.

[76] Zhai H, Cui B, Hu B, et al. Prediction of river ecological integrity after cascade hydropower dam construction on the mainstream of rivers in Longitudinal Range-Gorge Region (LRGR), China [J]. Ecological Engineering, 2010, 36 (4): 361-372.

[77] 王波，黄薇，杨丽虎．梯级水电开发对水生境累积影响的方法研究［J］．中国农村水利水电，2007（4）：127-130.

[78] 孙军，刘东艳．多样性指数在海洋浮游植物研究中的应用［J］．海洋学报，2004，26（1）：62-75.

[79] Falkowski P G, Barber R T, Smetacek V. Biogeochemical controls and feedbacks on ocean primary production [J]. Science, 1998, 281 (5374): 200-206.

[80] Li J, Dong S, Liu S, et al. Effects of cascading hydropower dams on the composition, biomass and biological integrity of phytoplankton assemblages in the middle Lancang-Mekong River [J]. Ecological Engineering, 2013, 60: 316-324.

[81] Wu N, Schmalz B, Fohrer N. Development and testing of a phytoplankton index of biotic integrity (P-IBI) for a German lowland river [J]. Ecological Indicators, 2012, 13 (1): 158-167.

[82] Wallhead P J, Garçon V C, Casey J R, et al. Long-term variability of phytoplankton carbon biomass in the Sargasso Sea [J]. Global Biogeochemical Cycles, 2014, 28 (8): 825-841.

[83] Taylor B W, Flecker A S, Hall R O. Loss of a harvested fish species disrupts carbon flow in a diverse tropical river [J]. Science, 2006, 313 (5788): 833-836.

[84] Mullin M M., Sloan P R, Eppley R W. Relationship between carbon content, cell volume, and area in phytoplankton [J]. Linmology and Oceanography, 1966, 11 (2): 307-311.

[85] Strathmann R R. Estimating the organic carbon content of phytoplankton from cell volume or plasma volume [J]. Limnology and Oceanography, 1967, 12 (3): 411-418.

[86] Eppley R W, Reid F M H, Strickland J D H. The ecology of the plankton off La Jolla, California, in the period April through September 1967 [J]. Bulletin of the Scripps Institution of Oceanography,

1970，17：33-42.

[87] Taguchi S. Relationship between photosysntheis and cell size of marine diatoms [J]. Journal of Phycology，2008，12 (2)：185-189.

[88] 孙军，刘东艳. 浮游植物生物量研究：Ⅰ. 浮游植物生物量细胞体积转化法 [J]. 海洋学报（中文版)，1999，21 (2)：75-270.

[89] 戴明. 珠江口及邻近海域浮游植物生态学研究 [D]. 上海：上海水产大学，2004.

第二章　水能资源开发基础数据调查方法

第一节　水体理化性质测定

水质是直接反映水体特征的重要因素，水的物理和化学性质会直接影响水体中的生物种类和数量。本研究为了全面反映河流水体的状况，选取了6个物理指标即水温、透明度、流速、溶解氧（DO）、电导率和pH值，以及5个化学指标化学耗氧量（COD_{Mn}）、总氮（TN）、总磷（TP）、铵态氮（NH_3-N）和硝态氮（NO_3-N）。为了确保实验结果的可靠性和精确性，每个指标做了2个平行样。

水样指标的测定步骤如下。

样品的物理指标在现场监测完成，其中透明度利用赛氏盘，流速和流量用RiverSurveyor S5/M9河流调查者-声学多普勒水流剖面仪，溶解氧利用Hach溶解氧仪，pH为Hach pH计。为了保证监测结果的科学性，每个指标做了两次检测，求平均值。

样品的化学指标除总磷外，其他指标均用Hach DR2800于采样两天内在实验室完成检测。

（1）温度　仪器设备：水温探头。

测量步骤：利用电导率附带的水温测试探头，将探头插入一定深度的水中，待读数稳定后，读取温度值并记录。

（2）pH值　仪器设备：PHC10103 pH计。

测量步骤：仪器校准后，先用蒸馏水仔细冲洗两个电极，再用水样冲洗，然后将电极浸入水样中，小心搅拌或摇动使其均匀，待读数稳定后记录pH值。

（3）流速　仪器设备：92式流速仪。

测量步骤：仪器校准后，流速仪浸入河流中，测量在水体总深度40%处的流速，并距离河岸每间隔 10 m 测一个流速求其平均值。

(4) 溶解氧　仪器设备：便携式溶解氧仪。

测量步骤：电极经极化校准后，将电极浸入水样中，同时确保溶氧感应部分也浸入到水样中，如果要显示饱和百分比（%），按 RANGE 键转换到饱和百分比（%）状态。在每次测量过程中，电极和被检测水样之间必须达到热平衡，这个过程需要一定的时间。

(5) 电导率　仪器设备：便携式电导率仪。

测量步骤：电极经极化标准后，将电极浸入水样中，确保感应部分浸入到水样中，按 READ 键，待仪器稳定后读数。

(6) 化学需氧量（COD）　采用消解-比色法，试剂选择 25158-25。

仪器设备：水质分析仪，塑料瓶若干。

采样步骤：在玻璃瓶中收集样品。只有在知道没有有机污染的情况下，可以使用塑料瓶。尽可能快地对生物学上处于活动状态的样品进行测试。对含有固体的样品进行均匀化处理，以保证样品具有代表性。样品用硫酸处理使 pH 值小于 2（大约每升 2mL），在被冷却到 4℃的情况下最长可存储 28 天。

分析步骤如下。

打开 DR2800 反应器，预先加热到 150℃。

样品准备：打开两支 COD 消解试管，分别取 2mL 样品和去离子水加入到试管中，作为样品管和空白样管，拧紧盖子。

晃动 COD 消解管进行混合，并将消解管插入到预先加热的 150 ℃的消解器中。

消解 2h 后关闭消解器，将试管冷却至室温。

打开 DR2800，选择 431 程序。

先后擦净空白消解管和样品消解管的外表面，然后插入 DR2800 试管固定架，盖上遮光罩并归零后读数。结果以 mg/L 浓度的 COD 表示。

(7) 总氮（TN）　试剂选择：26722-24。

仪器设备：水质分析仪。

采样步骤：在一个清洁的塑料或玻璃瓶中收集样品。保存样品时，用浓缩硫酸（至少 2mL/L）将 pH 值减少到 2 或更低。样品存储在 4℃（39 ℉）或更低温度下。样品最长可存储 28 天。加热样品到 15～25 ℃，并在分析前用 5mol/L 氢氧化钠中和。针对容积添加修正试验结果。

分析步骤如下。

a. 将消解器预热到 105℃。

b. 选择两支碱性试管并分别加入一包过硫酸钾分包。一支试管中加入 2mL 样品，另一支试管中加入 2mL 去离子水作为空白样，盖上帽后摇匀，放到消解器上加热 30min。

c. 将消解后的试管冷却至室温，之后各加入一包总氮试剂 A 分包，摇匀。

d. 等待 3min 后再往两试管中分别加入总氮试剂 B 分包并摇匀，等待 2min。

e. 打开 DR2800，选择 350 号程序。

f. 打开两瓶酸性试管，取 2mL 加过药的碱性试管中的溶液分别移入到酸性试管中。

g. 盖帽并摇匀，等待 15min。

h. 擦干净两试管外壁，在 DR2800 归零后读取数据。结果以 mg/L 浓度的 TN 表示。

(8) 铵态氮　采用纳氏试剂法，试剂选择 24582-00。

仪器设备：水质分析仪，塑料小瓶若干。

采样步骤：在一个清洁的塑料或玻璃瓶中收集样品。如果有氯存在，请将 1 滴 0.1mol/L 的硫代硫酸钠添加到浓度为 0.3mg/L Cl_2 的 1L 样品中。用硫酸（至少 2mL）将 pH 值减小到 2 或更小，在此条件下保存样品。样品存储在 4℃ 或更低温度下。样品最长可存储 28 天。加热样品到室温，并在分析前用 5mol/L 氢氧化钠中和。针对容积添加修正测试结果。

分析步骤如下。

a. 打开 DR2800，380 号程序。

b. 取两个混用量筒分别量取 25mL 样品和蒸馏水，作为待测样和空白样。

c. 在两个量筒中各滴加 3 滴矿物质无机稳定剂，塞上塞子后摇匀。

d. 在两个量筒中各滴加 3 滴聚乙烯醇分散剂，塞上塞子后摇匀。

e. 吸取 1mL 的纳氏（Ness）试剂分别加入到两个量筒中，塞上塞子后摇匀，并显色反应 1min。

f. 将两种溶液分别注入到 10mL 方形样品试管中，擦净空白试管和待测样试管的外壁，调零后读数，结果以 mg/L NH_3-N 计。

(9) 硝态氮　采用铬还原法，试剂选择 21061-69。

仪器设备：便携式水质分析仪，塑料瓶若干。

采样步骤：在一个清洁的塑料或玻璃瓶中收集样品。尽可能快地进行样品分析，以防止产生细菌减少硝酸盐。如果不能立即对样品进行分析，而需要在24～48h 之内进行样品分析，请将样品存储在 4℃ 温度条件下。开始进行测试前先加热到 20～23℃。如存储期较长（可达 14 天），可用硫酸将样品的 pH 值调整到 2

或更小。样品还要求冷藏。储存的样品开始测试前，先将其加热到20～23℃，并用5.0mol/L的氢氧化钠标准溶剂进行中和。不要将水银混合物用作防腐剂。

分析步骤如下。

a. 打开DR2800，选择355号程序。

b. 用吸管将0.2mL（200μL）的样品A吸入到反应小瓶中。

c. 分别取25mL的蒸馏水和待测样放入到两个样品池中，作为空白样和待测样。

d. 分别在两个样品池中加入一包NitraVer 5 Nitrate Reagent Powder Pillow，轻轻摇动并显色5min。

e. 擦干样品池外壁，插入DR2800适配器中，盖上比色计的盖，调零后读数。结果以mg/L的NO_3-N表示。

（10）总磷　总磷的测量在实验室由常规过硫酸钾消解法测得。取适量水样于消解瓶中，加水至50mL，加入过硫酸钾溶液10mL，于120℃和10.78N/cm^2压力下消解3min。配制标准液，即配制含磷量分别为0μg、2.5μg、5.0μg、7.5μg、10.0μg、12.5μg、25.0μg、37.5μg和50.0μg的溶液100mL，进行消解。移取处理后水样及标准液的上清液25mL于试管内，加入2mL钼锑抗溶液，摇匀。将试管在25～40℃温度下放置15min，进行显色，用光程为1cm或5cm的洗手池在700nm处测定吸光度。在标准曲线上读取水样含磷量。

第二节　浮游动植物采集与鉴别

一、浮游动植物采集

1. 采样设备、工具与试剂

采样设备、工具包括采样用调查船；浮游生物网25号（网孔大小64μm）；有机玻璃采水器，1L和5L两种尺寸；塑料盆；聚乙烯瓶，1000mL、1000mL和300mL，分别用于水样、定量浮游藻样和浮游动物样品的收集；便携式pH计、溶解氧探头、电导率探头和便携式水质分析仪；Secchi黑白盘；采样登记表、笔等。

固定液（鲁哥碘液）：碘化钾6g，溶解于蒸馏水中，后再加碘4g，定容到100mL，贮备在棕色玻璃瓶中。

2. 采样方法

水样采用1L有机玻璃采水器分层采集，采集0.5m、3～7m的变温层以及底层（距河底0.5m深处）的水样。浮游植物采用1L有机玻璃采水器，分层采集，其分层方法与水样采集相同。浮游动物采用5L有机玻璃采水器，分层采集，每层采集两次，并滤过浮游生物网，将剩余的样品倒入加入了75%乙醇的聚乙烯瓶中保存。

浮游植物的定量标本每个水样采1000mL，水样应立即加入鲁哥碘液，用量为水样量的1.5%，带回室内静置48h后定容至30mL，并加入4%的福尔马林液固定。浮游动物的定量样品用采水器采10L水，用25号浮游生物网过滤浓缩，然后加入75%酒精溶液固定，带回室内静置24h后定容至30mL，并加入4%的福尔马林液固定。

河流底质的采集选择河流中心，利用抓泥斗采集，样品采集后即刻放入自封袋中保存，并储存在便携式冰箱里。带回室内后存放于－80℃的冰箱中冷冻保存。

二、浮游动植物鉴别

浮游植物定量采用沉淀法。浮游植物定性和定量鉴定采用OLMPUS C41型普通显微镜，在计数前须将样品充分摇匀。浮游植物定性鉴定一般鉴定到属。浮游植物计数采用的是Fuchs-Rosental计数板，每种藻的体积按照其相似的几何体形状计算。

浮游动物计数采用计数框进行。先将浓缩水样充分摇匀后，取0.1mL样品，置于0.1mL计数框内，在100～400倍显微镜下进行全片计数。浮游动物原生动物进行活体观察在中倍显微镜下分类鉴定。一般鉴定到属即可，而优势指示物种鉴定到种。

第三节　沉积物细菌鉴别

微生物虽然占了生物圈中很大比例，人们对微生物的了解却很少，常规培养方法认识的细菌不足全部细菌的1%，随着分子微生物学的发展，运用16S rDNA技术反映微生物多样性已经被广泛应用。16S rDNA技术是指利用基因组中保守序列的差异，通过分析核苷酸组成差异来反映微生物多样性。常用的16S rDNA技术有聚合酶链式反应（Polymerase Chain Reaction，PCR）、变形梯度凝胶电泳（Denaturing Gradient Gel Electrophoresis，DGGE）、温度凝胶电泳（Temperature Gradient Gel Electrophoresis，TGGE）、末端限制性片段长度多态性（Terminal-Restriction Fragment Length Polymorphism，T-RFLP）、全细胞杂交（Whole-Cell Hybridization）、16S rDNA 克隆文库（16S rDNA Lone Library）等。

PCR 技术是 20 世纪 80 年代中期发展起来的体外核酸扩增技术，1985 年美国 PE-Cetus 公司人类遗传研究室的 Mulli 等发明了具有划时代意义的聚合酶链式反应。其原理类似于 DNA 体内复制，在试管中给 DNA 在体外提供合适条件——模板 DNA、寡核苷酸引物、DNA 聚合酶、合适的缓冲体系、DNA 变性、复性及延伸的温度与时间。PCR 技术应用非常广泛，可广泛适用于水体、土壤、空气等媒介的 DNA 提取与扩增。目前 PCR 已应用于检测致病菌和特定病原细菌，如利用 PCR 技术扩增水体中的大肠杆菌、恶臭假单胞菌和枯草芽孢杆菌并成功进行了检测和鉴别。基于 PCR 技术的分子生物学技术如 DGGE、克隆文库等在环境生态学方面有更广泛的应用。而在研究微生物多样性方面，主要用到的分子生物学手段有 PCR-DGGE、16S rDNA 克隆文库、T-RFLP 技术。

PCR-DGGE 技术基于的原理是不同双链 DNA 片段因其序列组成不同，其解链区域及各区域的解链条件变性剂浓度也不同，这样同样长度但不同序列的 DNA 片段在胶中不同位置处因达到各自最低解链浓度而解链，由此导致移动速率下降，通过染色反应，使得 DNA 片段被区分开来。TGGE 的原理与 DGGE 相似，只是利用的是梯度相同但温度不同情况下解链使得 DNA 片段被区分开来。由于可操作性等原因，DGGE 相较于 TGGE 应用稍广泛。Yan 和 De Fifueiredo 等利用 PCR-DGGE 技术分析浮游细菌群落与环境因子之间的响应关系，浮游细菌的种类受到水环境中硝态氮、溶解氧、磷酸盐和硅的浓度的影响。除了水体，PCR-DGGE 技术同样可以用于土壤等媒介，O′Sullivan 就利用 PCR-DGGE 技术呈现了原核细菌随深度的变化规律，并探讨了其与环境因子之间的相互关系。虽然 DGGE 应用很广泛，但因为剪切 DNA 片段较短，所带信息相对较少，这使得要获得更完整的生物群落信息受到了限制，但同时，在分析有明显目的性细菌或研究某种优势种群的过程中，呈现出 DGGE 方法的优势，因为限制性酶能够控制所酶切的片段和长度。

16S rDNA 克隆文库是将生物体的基因组 DNA 用限制性内切酶部分酶切后，将酶切片段插入到载体 DNA 分子中，并通过载体 DNA 繁殖获得包含这个生物体整个基因组的基因文库。克隆文库是保存生物 DNA 的可复制性载体的混合物，一般包含不同长度的 DNA 序列。通过构建 16S rDNA 克隆文库，能够较完整地描述生物群落的整体结构，Jone 和 Lymperopoulou 等分别用 16S rDNA 克隆文库手段搭建出土壤酸杆菌落和水体蓝藻菌落的群落结构，并分析了群落结构与环境因子之间的相互关系。然而 16S rDNA 克隆文库虽然能够较完整地构建原生态群落的结构，但因为中间环节复杂，杂生 DNA 片段会较多，甚至会形成系统中不存在的 DNA 群落，以致影响文库的准确性和稳定性。

T-RFLP 技术综合运用了 PCR 技术、DNA 限制性酶切技术、荧光标记技术和 DNA 序列自动分析技术，在操作过程中则需要在选定的目标基因基础上设定响应引物，并用 5′端用荧光物质标记，总 DNA 通过 PCR 扩增后获得带有荧光的目标 DNA，利用合适的限制性内切酶对目标 DNA 进行消化，不同目标 DNA 片段因其核算序列不同会导致切位点存在差异而产生不同长度的限制性片段，利用 DNA 测序仪对酶切产物进行电泳和荧光检测达到分析目的。T-RFLP 技术在环境生物学方面的应用也较为广泛，Joo 和 Briggs 就利用该技术分析了水样和海洋沉积物样品中蓝藻类和细菌的生物多样性。T-RFLP 技术存在的主要问题就是如何对大量 T-RFLP 数据进行处理和统计学分析，因此这一缺陷限制了该技术在构建未知生态群落结构中的应用，而更广泛应用于针对性较强的某些种类或个体的鉴别上。

总体来说，分子微生物学技术使得人们能够更加深入了解微生物世界，并为我们发现新的种群或种类提供了良好的技术手段，然而因为分子微生物学技术中存在着大量不确定因素和可能的干扰因素，如 PCR 过程中 DNA 拷贝数的差异，引物的干扰，退火条件以及各种酶的影响，顺应到相对的基于 PCR 的技术上，又增加了新的不确定性。为了能够尽量减少这些不确定因素，在完成分子卫生学实验的过程中，尽量保证实验环境的无菌化、实验仪器的稳定和进行平行试验，寻求最好的实验条件。

在本研究中，最终选定 DGGE 作为研究底栖微生物的群落结构的实验手段，一方面考虑到实验条件的可造作性，另一方面，依据以往研究成果，底泥微生物中与水质关系紧密的微生物类群主要为变形虫及介形虫。这些微生物的类群和种类可以利用 DGGE 技术得到较好的表达。

PCR-DGGE（Polymerase Chain Reaction-Denaturing Gradient Gel Electrophoresis）技术在微生物多样性分析方面的研究已经逐步成熟。其一般流程如图 2-1 所示。

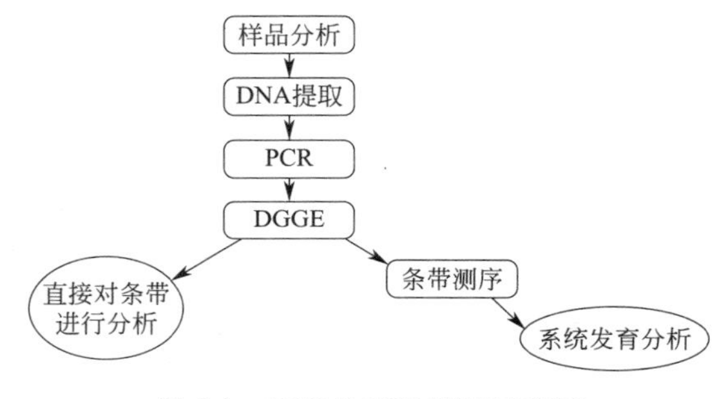

图 2-1　PCR-DGGE 研究流程图

影响 PCR-DGGE 效果的因素有很多，主要是样品 DNA 提取方法、PCR 实验条件以及 DGGE 实验条件。仪器设备列表见表 2-1。

表 2-1　仪器设备列表

设　备	生 产 厂 家
稳压稳流电泳仪	北京市六一仪器厂
离心机	上海利鑫坚离心机有限公司
PCR 仪	美国 ABIPCR 基因扩增仪
凝胶成像系统	美国 ABIPCR 基因扩增仪
超低温冰箱	无锡精创科技有限公司
移液枪	法国吉尔森有限公司

Powersoil DNA isolation Kit 购自北京泽平科技有限公司，PCR 产物纯化试剂盒购自生工生物工程（上海）股份有限公司。PCR 所用试剂选择的是北京泽平科技有限责任公司提供的 GoTaq 绿色主混合液。引物（341F/907R、341F-GC/907R）由生工生物工程（上海）股份有限公司合成。测序由北京亿鸣复兴生物科技有限公司完成。

应用 16S rDNA 分析微生物多样性，最重要的环节是样品基因组 DNA 的提取。对环境样品 DNA 提取，一般有两种方法。样品基因组总 DNA 的提取、纯化使用 Powersoil DNA isolation Kit 进行。

我们采用 V3 可变区的通用引物对目的片段进行扩增，该引物可对大部分真细菌的响应片段进行有效扩增。16S rDNA 扩增使用的上游引物为 357F-GC，下游引物为 518R，其序列见表 2-2。

表 2-2　引物序列

357F-GC	CGCCCGCCGCGCCCCGCGCCCGGCCCGCCGCCCCCGCCCCCCTACGGGAGGCAGCAG
357F	CCTACGGGAGGCAGCAG
518R	ATTACCGCGGCTGCTGG

反应体系为：DNA 模板，30ng；357F-GC，10μmol；518R，10μmol；Mix，12.5μL；Free water，补足至 25μL。

选择如下 pcr 条件对上述样品进行扩展

95 ℃　5min

94 ℃　1min
55℃　1min
72℃　90s
72℃　10min
（以上 30 个循环）

4 ℃保温

PCR产物放置于−20℃进行长时间保存。

采用1%琼脂糖凝胶电泳检测PCR扩增产物，DNA模板量为3μL，以稳定电压120V电泳，电泳缓冲液选择TAE缓冲液，并以Loading marker标记。电泳后于紫外灯下观察检测扩增的片段长度和浓度。

（1）变性胶储备液的配制　本研究中，选择80%的储备胶配制浓度为40%～65%的储备胶16mL，配方见表2-3。

表2-3　储备胶配置方案

胶浓度	0%储备液	80%储备液	合计
40%	8mL	3mL	16mL
65%	8mL	13mL	16mL

其中，DGGE电泳变性液的配制见表2-4，0%变性储备液配制方案见表2-5。

表2-4　DGGE电泳变性液配制方案

变性液浓度	10%	20%	30%	40%	50%	60%	70%	80%	90%	100%
甲酰胺/mL	4	8	12	16	20	24	28	32	36	40
尿素/g	4.2	8.4	12.6	16.8	21	25.2	29.4	33.6	37.8	42

表2-5　0%变性储备液配制方案

40%丙烯酰胺	6% Gel	8%Gel	10%Gel	12%Gel
40%丙烯酰胺/mL	15	20	25	30
50XTAE buffer/mL	2	2	2	2
灭菌水/mL	83	78	73	68
总体积/mL	100	100	100	100

（2）洗板、固定和灌胶

① 用洗涤剂擦洗玻璃板表面；用自来水冲洗干净；用过滤后的娃哈哈水冲洗干净，风干待用。

② 同样步骤清洗边条、梳子、海绵垫，将海绵垫、玻璃板组装在固定架上，短板面向自己。

③ 反时针旋转凸轮到初始位置，旋松体积调整旋钮，将体积设定在16处，旋紧体积调整旋钮，保持恒定匀速且缓慢地推动凸轮，使板层间的气泡能及时破裂就行。

④ 灌好胶时，液体略微超出玻璃板，防止插梳子时出现气泡；插上梳子后，倒转凸轮吸入空气，以防管子阻塞，用ddH_2O冲洗3～4次，再灌另一

块胶。

⑤ 插好梳子后，静置1个半小时，胶即凝结。

（3）预热电泳槽

① 凝胶期间，取空的电泳槽，加入140mL 50×TAE，加超纯水至Fill线以上，加热电泳液至60℃。

② 胶凝结后，平稳、缓慢地取下梳子，用平头针洗净梳孔中没有凝结的胶，向梳孔中加入超纯水，反复冲洗2次。

③ 从电泳槽中取出500mL电泳液，用电泳液湿润两块玻璃板和黄色夹子的垫条，将玻璃板装在夹子上，将500mL电泳液加到组合架上，确保其不漏液。

④ 用平头针和电泳液清洗梳孔2次。

（4）上样

① 将10μL二次PCR的样品和2μL的6×loading buffer在PCR管中混匀。

② 用200μL和10μL的枪头（架抢）将混合样品注入梳孔中，样品两侧分别加入10μL的Loading buffer且样品应该选择中间的梳孔，避免边缘效应。

（5）电泳　将上好样的装置放入电泳槽，加热升温到60℃，升温至60℃后，保持恒定电压120V，电泳12h。

（6）拆胶

① 将板从夹子上拆下，取出两块玻璃板。

② 用一侧边条别起短的玻璃板，将带胶的玻璃板放入装好超纯水的托盘中，摇动玻璃板使胶松动，慢慢抬起玻璃板，使胶脱落入水中。

（7）银染法染色

① 倒去超纯水，用超纯水洗1遍，加上250mL固定液，静置15min。

② 倒去固定液，用超纯水洗2遍，加上银染液250mL，放于水平摇床上缓慢摇动15min（保证液体浸没整个胶且在胶表面没有气泡存在）。

③ 倒去银染液，用超纯水洗3遍，加显色液250mL，当出现清洗条带时，用超纯水及时终止显色，用超纯水冲洗2～3遍。

（8）拍照　将胶倒在白板上，利用凝胶成像系统，白光条件下拍照。

胶的回收与测序方法如下。

（1）切胶条带回收DNA

① 由低变性梯度（上）到高变性梯度（下）选取20条带切胶回收，编号为1～20。

② 往回收条带离心管中加入 400μL 100% ethanol（特级），10～15min 后，胶变为白色。真空吸走上清，加入 200μL diffusion buffer。等胶从白色变为透明后，4℃过夜放置。

③ 加入 3mol/L NaOAc 10μL(×1/10)，100%ethanol 250μL(×2.5)，混匀，－80℃放置 30min。

④ 15000r/min 离心 20min，弃去上清液，加入 70% ethnaol 1mL。

⑤ 15000r/min 离心 2min，弃去上清液，室温干燥。

⑥ 最后加入 20μL TE。

（2）回收 DNA PCR 扩增、测序

① PCR 扩增目的片段。用 5μL 回收产物作为模板进行 PCR，选用无 GC 夹子引物。

PCR 反应体系为 50μL：10×Buffer 5μL、dNTP 4μL、引物（10μmol/L）各 1μL、模板 5μL、Ex Tag（Takara，大连）1.5U、灭菌高纯水补齐至 50μL。

引物：

357F 5′-CCTACGGGAGGCAGCAG-3′

517R 5′-ATTACCGCGGCTGCTGG-3′

扩增条件同本实验第一阶段条件。

② 选用 TaKaRa MiniBEST DNA Fragment Purification Kit 进行 PCR 产物回收纯化。

③ 向 PCR 反应液（或其他酶促反应液）中加入 5 倍量的 Buffer DC（如果需加入的 Buffer DC 量不足 100μL 时应加入 100μL)，然后均匀混合。

④ 将试剂盒中的 Spin Column 安置于 Collection Tube 上。

⑤ 将上述操作（1）的溶液转移至 Spin Column 中，室温 12000r/min 离心 1min，弃滤液。

⑥ 如将滤液再加入 Spin Column 中离心一次，可以提高 DNA 的回收率。

⑦ 将 700μL 的 Buffer WB 加入 Spin Column 中，静止 5min，室温 12000 r/min 离心 30s，弃滤液。

⑧ 请确认 Buffer WB 中已经加入了指定体积的 100%乙醇。

⑨ 重复操作步骤④。

⑩ 将 Spin Column 安置于 Collection Tube 上，室温 12000r/min 离心 1min。

⑪ 将 Spin Column 安置于新的 1.5mL 的离心管上，在 Spin Column 膜的中央处加入 30μL 的灭菌水或 Elution Buffer，室温静置 2min。

⑫ 将灭菌水或 Elution Buffer 加热至 60℃使用时有利于提高洗脱效率。

⑬ 室温 12000r/min 离心 1min 洗脱 DNA。

⑭ 将离心得到的液体重新加入 Spin Column 膜的中央再次离心有利于提高 DNA 回收率。

⑮ 各样品挑选上一步骤克隆得到的白色菌落 3 个，摇菌，提质粒，357F 测序。

参 考 文 献

[1] Amann R I, Ludwig W, Schleifer K H. Phylogenetic identification and in situ detection of individual microbial cells without cultivation [J]. Microbiological Reviews, 1995, 59 (1): 143-169.

[2] 王爱丽．应用磷脂脂肪酸和聚合酶链式反应-变性梯度凝胶电泳分析技术研究湿地植物根际微生物群落多样性 [J]．植物生态学报，2013，37 (8)：750-757.

[3] 苏裕心．几种食源性致病菌荧光定量 PCR 检测方法的建立 [D]．南方医科大学，2010.

[4] 肖勇．16S rRNA/DNA 序列分析技术应用于环境微生物群落的初步研究 [J]．2007.

[5] Fajardo V, González I, Rojas M, García T, Martín R. A review of current PCR-based methodologies for the authentication of meats from game animal species [J]. Trends in Food Science & Technology, 2010, 21 (8): 408-421.

[6] Fischer S G, Lerman L S. Length-independent separation of DNA restriction fragments in two-dimensional gel electrophoresis [J]. Cell, 1979, 16 (1): 191.

[7] Myers R M, Maniatis T, Lerman L S. Detection and localization of single base changes by denaturing gradient gel electrophoresis [J]. Methods in Enzymology, 1987, 155: 501-527.

[8] Yan Q, Yu Y, Feng W, Yu Z, Chen H. Plankton community composition in the Three Gorges Reservoir Region revealed by PCR-DGGE and its relationships with environmental factors [J]. Journal of Environmental Sciences, 2008, 20 (6): 732-738.

[9] De Figueiredo, D R, Ferreira R V, Cerqueira M, De Melo T C, Pereira M J, Castro B B, Correia A, Impact of water quality on bacterioplankton assemblage along Cértima River Basin (central western Portugal) assessed by PCR-DGGE and multivariate analysis [J]. Environmental Monitoring and Assessment, 2012, 184 (1): 471-485.

[10] O'Sullivan L A, Sass A M, Webster G, Fry J C, John Parkes R, Weightman A J. Contrasting relationships between biogeochemistry and prokaryotic diversity depth profiles along an estuarine sediment gradient [J]. FEMS Microbiology Ecology, 2013.

[11] Myers R M, Fischer S G, Lerman L S, Maniatis T. Nearly all single base substitutions in DNA fragments joined to a GC-clamp can be detected by denaturing gradient gel electrophoresis [J]. Nucleic Acids Research, 1985, 13 (9): 3131-3145.

[12] Jones R T, Robeson M S, Lauber C L, Hamady M, Knight R, Fierer N. A comprehensive survey of soil acidobacterial diversity using pyrosequencing and clone library analyses [J]. The ISME Journal, 2009, 3 (4): 442-453.

[13] Lymperopoulou D S, Kormas K A, Moustaka-Gouni M, Karagouni A D. Diversity of cyanobacterial

phylotypes in a Mediterranean drinking water reservoir (Marathonas, Greece) [J]. Environmental Monitoring and Assessment, 2011, 173 (1-4): 155-165.

[14] Wintzingerode V, F U B Göbel, Stackebrandt E. Determination of microbial diversity in environmental samples: pitfalls of PCR-based rRNA analysis [J]. FEMS Microbiology Reviews, 1997, 21 (3): 213-229.

[15] Joo S, Lee S R, Park S. Monitoring of phytoplankton community structure using terminal restriction fragment length polymorphism (T-RFLP) [J]. Journal of Microbiological Methods, 2010, 81 (1): 61-68.

[16] Briggs B R, Inagaki F, Morono Y, Futagami T, Huguet C, Rosell-Mele A, Lorenson T D, Colwell F S. Bacterial dominance in subseafloor sediments characterized by methane hydrates [J]. FEMS Microbiology Ecology, 2012, 81 (1): 88-98.

第三章　水生态系统对水能资源开发的响应

第一节　浮游植物对水能资源开发的响应

一、浮游植物种类组成与群落特征

1. 浮游植物种类组成

通过对澜沧江 14 个采样点三个季节中不同深度的水样分析［图 3-1(a)］，共发现浮游植物 7 门 87 种（属），其中绿藻门 33 种（属），占总数的 37.93%，硅藻门 26 种（属），占总种属的 29.89%，蓝藻门 11 种（属），占总数的 12.64%，裸藻门 10 种（属），占总数的 11.49%，甲藻门 4 种（属），占总数的 4.60%，隐藻门 2 种属，占总数的 2.30%，金藻 1 种（属），占总数的 1.15%。采样期内以绿藻门在种类组成上占绝对优势，硅藻门次之，其他 5 个门类所占比例均小于 15%。浮游植物种类组成见图 3-1。

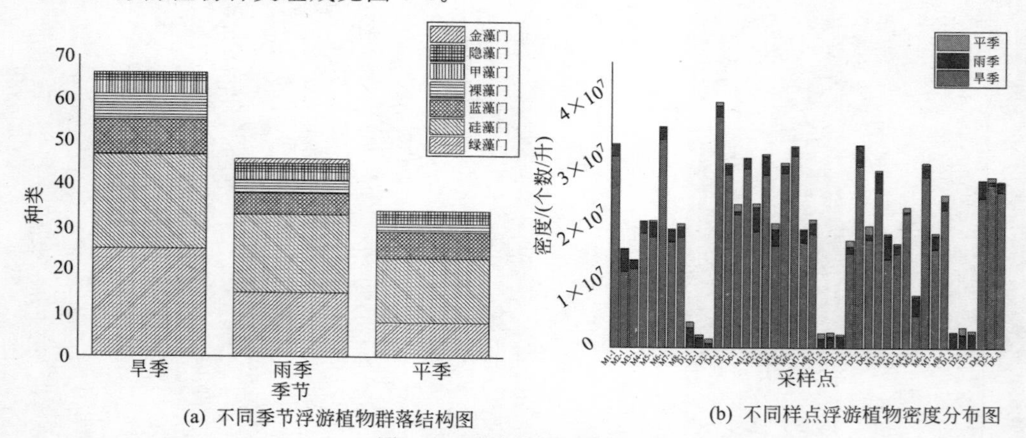

(a) 不同季节浮游植物群落结构图　　(b) 不同样点浮游植物密度分布图

图 3-1　浮游植物种类组成

浮游植物的种类繁多，通过对澜沧江小湾大坝下游至大朝山坝前14个样点三个季节的分析发现了7门87种属的浮游植物，共分为整齐四角藻，扭曲蹄形藻（*Kirchneriella contorta*），极大节旋藻（*Arthrospira maxima*），龟背基枝藻（*Basicladia chelonyun*），四足十字藻［*Crucigeniatetrapedia*（*Kirch.*）］，双眼鼓藻（*Cosmarium bioculatum Breb.*），膨胀四角藻（*Tetragdron tumidulum*），微小四角藻（*Tetraedron minimum*），镰形纤维藻奇异变种（*A. falcatus var. mirabilis*），蓝纤维藻属（*dactylococcopsis*），大螺旋藻（*Spirulian maior*），疏刺多芒藻（*G. paucispina*），双尾栅藻（*Scenedesmus bicaudatus*），基纳汉棒形鼓藻，双对栅藻［*Scenedesmas bijuga*（*Turpin.*）*Lag*］，针丝藻属（*Raphidonema*），衣藻属（*Chlamydomonas*），肘状针杆藻（*Synedra ulna*），实球藻（*Pandorinamorum*），剑尾陀螺藻（*Strombomonas ensifera*），尖细栅藻（*Scenedesmusacuminatus*），伪鱼腥藻（*Anabaena Bory*），螺旋纤维藻（*Ankistrodesmus spiralis*），尖异极藻布雷变种（*G. acuminatum*），波吉卵囊藻（*Oocystisborgei*），静裸藻（*Euglenadeses*），骈孢藻（*Binuclearia*），巨颤藻（*Oscillatoriaprinceps*），湖生卵囊藻（*Oocystis acustris Chodat*），肋缝藻属（*Frustulia Agardh*），空球藻（*Eudorina*），点形平裂藻（*Merismopedia Punctata*），四尾栅藻（*Scenedesmus quadricanda*），尖针杆藻（*Synedra acusvar*），弱细颤藻（*Oscillatoria tenuis*），坎宁顿拟多甲藻（*Peridiniopsis cunningtonii Lemmermann*），纺锤藻（*Elakatothrix wille*），弯形尖头藻（*Raphidiopsis curvata*），钝脆杆藻（*Fragilaria capucina*），脆杆藻属（*Fragilaria*），绿匣藻（*Chlorotheciaceae*），尖辐节藻（*Stauroneisacuta W. Smith*），舟形藻属（*Navicula*），斯潘塞布纹藻（*Gyrosigma spenceri*），中型新月藻（*Closterium intermedium Ralfs*），尖尾裸藻（*Euglenagasterosteus*），著名羽纹藻（*Pinnularianobilis*），光薄甲藻（*Gymnodinium gyomnodinium Pem.*），空星藻（*Coelastrum*），三棱扁裸藻（*Phacus tirqueler*），小环藻属（*Cyclotella*），尾裸藻（*Euglena caudata*），针形纤维藻（*Ankistrodesmusacicularis*），延长鱼鳞藻（*Mallomonas elongata*），扁圆卵形藻（*Cocconeis placentula var. euglypta*），球囊藻（*Sphaerocystis schroeteri*），类S形菱形藻（*Nitzschia*），月牙藻（*Selenastrum bibraianum*），颗粒直链藻［*Melosira granulata*（*Ehr.*）*Ralfs.*］，四角盘星藻四齿变种［*Pediastrum tetras var. tetraodon*（*Cord.*）*Rab.*］，曲壳藻属（*Achnanthes boyei Ostrup*），肾形藻（*Nephrocytium* sp.），桥弯藻属（*Cymbella*），集星藻（*Actinastrum*），卵圆双眉藻（*Amphora ovalis*），细小隐球藻（*Aphanocapsa elachista*），普通等片藻（*Diatoma vulgare*），固氮鱼腥藻（*Anabaena azotica*），卵形隐藻（*Cryptomons ovata*），珠点颤藻（*Oscillatoria margaritifera*），啮蚀隐藻（*Cryptomons erosa*），针杆藻属（*Synedra*），小球藻属（*Chlorella*），缢缩异极藻头状变种（*Gomphonema constrictum var. capitata*），谷皮菱形藻（*Nitzchia palea*），二列双菱藻（*Surirella biseriata Breb*），卡普龙双菱藻（*Surirella elegans*），笔尖形根管藻粗径变种（*R. styliformisvar. latissima*），雅致双菱藻（*Surirella*），线形菱形藻（*Nitzschia linearis W. smith*），裸甲藻（*Gymnodinium aerucyinosum Stein*），编织鳞孔藻（*Lepocinclis*），圆筒锥囊藻（*D. cylindricum*），螨形鱼鳞藻（*Mallomonas acaroides*），延长鱼鳞藻（*Mallomona elongate Rev.*），卵形鱼鳞藻（*Mallomonas ovata*），扭曲蹄形藻（*K. contorta*），微小四角属（*Tetraedron minimum*）。

漫湾水库共鉴定7门67种（属），以绿藻（23种）和硅藻（23种）居多，大朝山水库7门67种9属，以绿藻（23种）和硅藻（21种）为主。两座水库均以绿藻门和硅藻门种类占优势，且沿水库梯度浮游植物种类逐渐增加。采样期间2座水库采集到的浮游植物总物种数随着水库梯度无明显变化，但物种种类有了区别。邵美玲等从河流连续性概念的角度分析认为“中级别河流其生物多样性比上游河流会多”，因此从河流级别来考虑，漫湾和大朝山同属澜沧江干流，为同一级别，因此物种数相差不大。从时间分布来看，枯水期（66种）＞丰水期（46种）＞平水期（34种）。枯水期浮游植物种类组成最为丰富，分别隶属于绿藻门、蓝藻门、硅藻门、裸藻门、甲藻门和隐藻门。丰水期浮游植物种类数少于枯水期，但门类较多，隶属于7个门。平水期种类最少，但也有6个门的藻类。

各门浮游植物种类数不同，不同采样时期浮游植物种类组成各异（表3-1）。根据优势度分析，漫湾库区和大朝山库区的优势种总体看集中为绿藻、蓝藻和硅藻。共同拥有的优势种类为小球藻属（*Chlorella*）、伪鱼腥藻属（*Anabeana*）、颗粒直链藻［*Melosira granulata*（*Ehr.*）*Ralfs.*］、小环藻属（*Cyclotella*）、曲壳藻属（*Achnanthes boyei Ostrup*）。

表3-1　优势藻类列表

项目		旱季	平季	雨季	漫湾库区	大朝山库区
绿藻门	小球藻属(*Chlorella*)	*	*		*	*
	微小四角藻(*Tetraedron minimum*)	*			*	+
	双对栅藻［*Scenedesmas bijuga*(*Turpin.*)*Lag*］	*				*

续表

项目		旱季	平季	雨季	漫湾库区	大朝山库区
蓝藻门	大螺旋藻(*Spirulian maior*)			*	*	+
	伪鱼腥藻属(*Anabeana*)	*	*		*	*
硅藻门	颗粒直链藻[*Melosira granulata*(*Ehr.*)*Ralfs.*]				*	*
	小环藻属(*Cyclotella*)	*	*		*	*
	曲壳藻属(*Achnanthes boyei Ostrup*)		*	*	*	*

注：* 为优势种，即优势度 $Y>0.02$ 的物种。

2. 浮游植物群落特征

浮游植物的 Shannon-weaver 多样性指数在 1.172～2.870，以大朝山 1 号样点的底层多样性指数最高，以大朝山库区 6 号样点底层多样性指数最低，大朝山库区和漫湾库区多样性指数均值在 2.0 左右。从单一库区来看，多样性指数随水库梯度而增加，但漫湾库区多样性最高点出现在坝前，大朝山库区多样性指数最高点为坝中位置。漫湾库区和大朝山库区的 Pielou 均匀度分别为 0.675 和 0.645，两库区间的区别不大，但漫湾库区内 Pielou 均匀度波动在 0.611～0.728，大朝山库区内 Pielou 均匀度波动在 0.471～0.908 之间。其变化规律与多样性规律类似，多样性指数和 Pielou 均匀度在漫湾下游 7 号和 8 号样点稍低于漫湾坝前数据，但明显高于大朝山坝尾数据。

基于水库基本类型综合分级方法，虽然都属于具有河流和湖泊特征的混合-分层过渡型水库，但在流域面积、回水长度等方面的差异使得 2 个水库在浮游植物种类上存在明显差异。流速较大、水体滞留时间较短的漫湾水库更接近河流态水体，浮游植物群落以喜流动性的偏多，而流速较小、水体滞留时间较长的大朝山水库则更接近湖泊态水体，库区喜静流的浮游占主导。

二、流速、营养盐对浮游植物的影响研究

水体流速对浮游植物种类的影响比较显著，浮游植物按照生活习性可以分为急流藻类、中流藻类、喜流藻类。流速大的地方，急流藻类出现的概率较大，而流速小的地方喜流藻类出现的概率高。澜沧江上的小湾、漫湾和大朝山水库属于峡谷河道型水库，流量受水库调度影响而出现较强波动，因此不同区域藻类会有所不同。

利用对应分析探讨浮游植物与环境因子之间的关系，在对所有物种进行初步冗余分析过程中，选择出不同季节里对流速响应最为强烈的种类，依次为 4 月份

的类空星藻（*Coelastrum*）、针形纤维藻（*Ankistrodesmusacicularis*）、缢缩异极藻头状变种（*Gomphonema constrictum var. capitata*）、曲壳藻属（*Achnanthes boyei Ostrup*）、笔尖形根管藻粗径变种（*R. styliformisvar. latissima*），7 月份的膨胀四角藻（*Tetragdron tumidulum*）、湖生卵囊藻（*Oocystis acustris Chodat*）、扭曲蹄形藻（*K. contorta*）、针丝藻（*Raphidonema*）、尖辐节藻（*Stauroneisacuta W. Smith*）、曲壳藻属（*Achnanthes boyei Ostrup*）、尾裸藻（*Euglena caudata*），9 月份的小球藻属（*Chlorella*）、微小四角属（*Tetraedron minimum*）、尖异极藻布雷变种（*G. acuminatum*）、桥弯藻属（*Cymbella*）、普通等片藻（*Diatoma vulgare*）、啮蚀隐藻（*Cryptomons erosa*）。为了能够完整表征浮游植物种类与流速及其相关的环境因子的相互关系，上述初选藻类将结合依据优势度（表 3-1）选择出的能够代表澜沧江优势群落的浮游植物进行进一步讨论。

选择流速、铵态氮和电导率 3 项指标进行相关性分析。依上述选择出的能够代表澜沧江优势群落的浮游植物，作为进一步研究对象，探究与其作用的环境因子，对浮游藻类进行 RDA 分析，旱季、雨季和平季第一轴长度分别为 0.859、0.224、0.390，说明应用线性分析浮游植物和环境因子的关系，线性冗余分析结果（图 3-2）解释了第一轴物种数据在旱季、雨季、平季分别为 42.8%、78.7%、99.7%，第一轴物种与环境因子组合的相关系数在旱季、雨季和平季分别为 0.862、0.069、0.721，第二轴物种与环境因子的相关系数为 99.1%、98.2%、100%，表明浮游植物的一些特定物种环境因子之间存在较强的相关性，在环境指标中，流速对浮游植物的构成作用明显，其中与河流流速关联较强的物种有 *Cyclotel*、*Fragilaria capucina Drun*、*Anabaena*、*Synedra acus Kütz* 和 *Tetraëdron*，均为生活在相对静止的水域，说明澜沧江流速较缓，利于缓流藻类的生长，电导率的影响相对较弱。

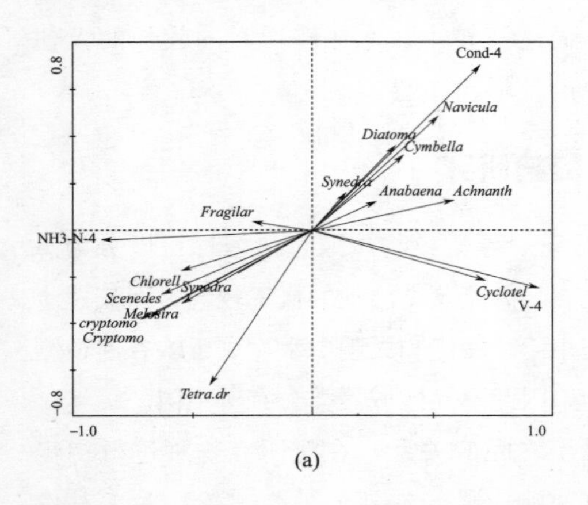

(a)

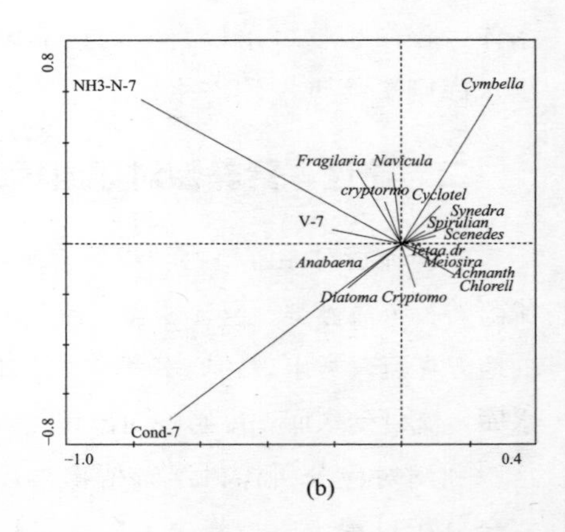

(b)

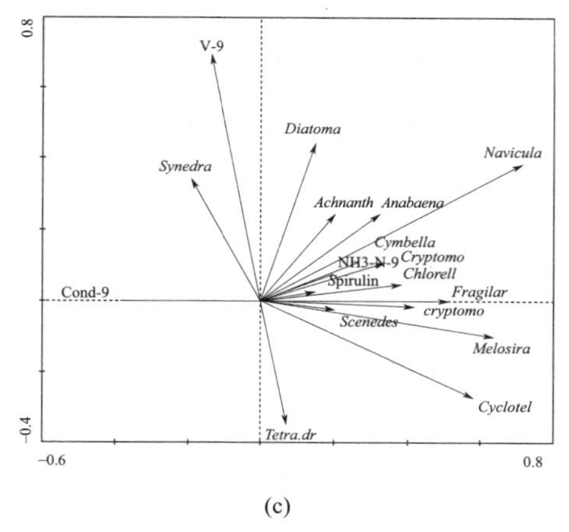

(c)

图 3-2　(a)、(b)、(c) 分别为旱季、雨季和平季关键种与所选水质的 RDA 分析结果图

第二节　浮游动物对水能资源开发的响应

1. 浮游动物种类特征

通过对澜沧江 14 个采样点三个季节中不同深度的浮游动物进行分析 [图 3-3 (a)]，共发现浮游动物 6 门 134 种（属），其中原生动物 7 种（属），占总数的 5.22%，轮虫类 85 种（属），占总种数的 63.43%，枝角类 26 种（属），占总数的 19.40%，桡足类 14 种（属），占总数的 10.45%，水螨 1 种（属），占总数的 0.75%，园介虫 1 种属，占总数的 0.75%。在总体分布上，澜沧江中段浮游动物以轮虫类占绝对优势，之后为枝角类，其他 4 个门类所占比例总和小于 15%。

通过对澜沧江小湾下游至大朝山坝前的 14 站点的水质样品的研究，浮游动物共发现以下种类，冠沙壳虫（*ifflugia corona Wallich*），广布多肢轮虫（*Polyarthra vulgaris*），鞭毛虫（*flagellate*），沙壳虫（*Tintinnid*），球形沙壳虫（*Difflugia globulosa*），龟纹轮虫属（*Anuraeopsis*），结节鳞壳虫（*Euglypha tuberculata*），表壳虫（*Arcella*），针刺刺胞虫（*Acanthocystis myriospina*），裂痕龟纹轮虫（*Anuraeopsis fissa*），斜口三足虫（*Trinema euchelys*），晶囊轮虫属（*Asplanchna*），二突异尾轮虫（*Trichocerca bicrislata*），彩胃轮虫属（*Chromogaster*），胡梨壳虫（*Nebela barbata*），旋轮虫（*Philodina*），刺盖异尾轮虫（*Trichocerca capucina*），圆筒异尾轮虫（*T. cylindrical*），异尾轮虫属（*T richocerca* sp.），半圆鞍甲轮虫（*Lepadella apsida*），泡轮虫属（*Pompholyx*），颤动疣毛轮虫（*Synchacta tremula*），等刺异尾轮虫（*T. similes*），

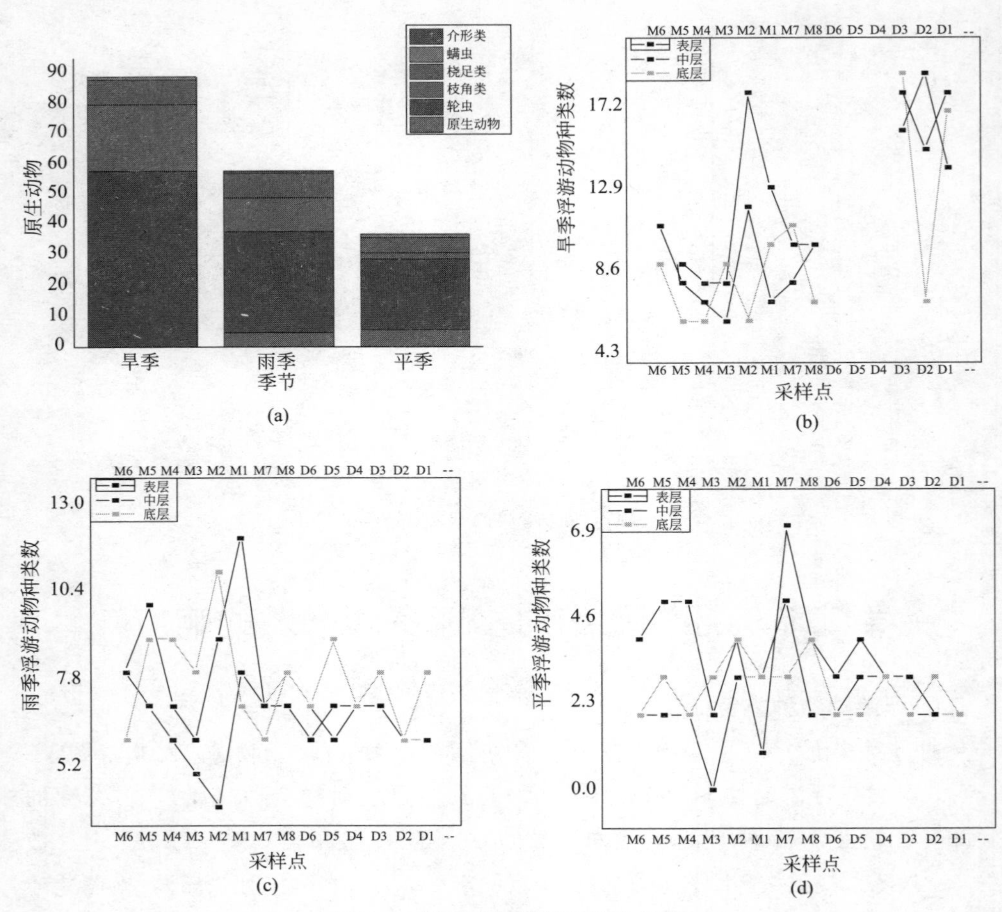

图 3-3 浮游动物群落结构分析图

(a) 为不同季节浮游动物群落结构分布图，(b)、(c) 和 (d) 为不同样点不同深度浮游动物种类数分布图

卵形鞍甲轮虫（*Lepadella ovalis*），扁平泡轮虫（*Pompholyx complanata*），叶状帆叶轮虫（*Argonothcolca foliacea*），长足轮虫（*R. neptunia*），瘤甲腔轮虫（*Lecane nodosa*），剪形巨头轮虫（*Cephalodella forficula*），唇形叶轮虫（*Notholon labis*），懒轮虫（*Rotaria tardigrada*），月形腔轮虫（*Lecane luna*），臂三肢轮虫（*Filinia brachiata*），截头皱甲轮虫（*Ploesoma truncatum*），曲腿皱甲轮虫（*Keratella valga*），平甲轮虫属（*Plalyias*），无柄轮虫属（*Ascomorpha* spp.），团状聚花轮虫（*C. hippocrepis*），晶体皱甲轮虫（*Ploesoma lenticulare*），近距多棘轮虫（*Macrochaetus subquadritus Pertv*），卵形无柄轮虫（*Ascomopha ovalis*），柱足腹尾轮虫（*G. stylifer*），方块鬼轮虫（*Trichotria letractis*），无甲腔轮虫（*Lecane inermis*），疣毛轮虫属（*Synchaeta*），四角平

甲轮虫（*Plalyias qualriconis*），粗颈轮虫属（*Macrotrachela*），前额犀轮虫（*R. frontalis*），郝氏皱甲轮虫（*Polyarthra lenticulare*），龟甲轮虫属（*Keratella*），囊形单趾轮虫（*M. bulla*），矩形龟甲轮虫（*K. quadrata*），一角聚花轮虫（*Conochilus. unicornis*），月形单趾轮虫（*lagocephalus lunaris*），聚花轮虫属（*Conochilus*），螺形龟甲轮虫（*Keratella cochlearis*），细长疣毛轮虫（*Synchacta tremula*），三肢轮虫属（*Filinia*），腹尾轮虫属（*Gastropus* sp.），奇异巨腕轮虫（*Pedalia mira*），尖尾疣毛轮虫（*Synchacta atylata*），枝角类幼虫（*Cladocera*），单趾轮虫属（*Monostyla* sp.），僧帽溞（*D. cucullata*），月型腔轮虫（*Lecane buna*），沟渠异足猛水蚤［*Canthocamptus staphylinus*（*Jurine*）］，针簇多肢轮虫（*Polyarthra trigla*），近亲尖额溞［*Alonaaffinis*（*Leydig*）］，瘤甲腔轮虫（*Lecane nodosa*），水螨（*Hydracarina*），真足哈林轮虫（*Darringiaeupodn*），吻状锐额溞（*Alonella rostrata*），巨头轮虫属（*Cephalodella* spp.），曲腿龟甲轮虫（*Keratella valga*），三角平直溞（*Pleuroxus trigonellus*），三翼须足轮虫（*Euchlanis dilatata*），韦氏同尾轮虫（*Diurella weberi*），短刺近剑水溞（*Tropocyclops brevispinus*），腹足轮虫属（*Gastropus hyplopus*），脆弱象鼻溞（ *Bosmina fatalis*），长腹近剑水溞（*Oithona atlantica*），简弧象鼻溞（*Bosmina coregoni*），中华窄腹水溞（*Limnoithona sinensis*），长刺异尾轮虫（*Trichocerca longiseta*），长额象鼻溞（*Bosmina longirostris*），锯齿明镖水溞（*Heliodiaptomus serratus*），裂足异尾轮虫（*Brachionus diversicornis*），柯氏象鼻溞（*Bosmina coregoni Baird*），中华原镖水溞（*Eodiaptomus sinensis*），小三肢轮虫（ *Filinia minuta* ），低额溞属（*Simocephalus*），园介虫（*Lecanium conic*），鞍甲轮虫属（*Lepadella* sp.），镰角锐额溞（*Alonella excise*），萼花臂尾轮虫（*Brachionus calyciflorus Pallas*），桡足类幼虫（*Copepod nauplii*），裂足臂尾轮虫（*Branehionus schizocerca*），跨立小剑水溞（*Microcyclops varicans*），钩状狭甲轮虫（*Colurella uncinala*），汤匙华哲水溞（*Sinocalanus dorrii*），爱德里亚狭甲轮虫（*Colurella colurus*），狭甲轮虫属（*Colurella*），锯齿龟甲轮虫（*K. serrulata*），同尾轮虫属（*Brachionus*），蹄形腔轮虫（*L. ungulata*），前额囊足轮虫（*R. frontalis*），短腹锐额溞（*Alonella brevirostrate*），短腹平直溞（*Pleuroxus aduncus*），矛状平直溞（*Pleuroxus*），美丽网纹溞（*Ceriodaphnia pulchella Sars*），基合溞属（*Bosminapsis*），颈沟基合溞（*Bosminopsis deitersi*），隆线溞（*Daphnia carinata*），大型溞（*Elodea Canadensis*），小栉溞（*Daphnia cristata*），透明溞（*Daphnia hyalina Leydig*），颈沟基合溞（*Bosminopsis deitersi Richard*），方形网纹溞

(*Ceriodaphnia quadrangular*)，锐额溞属（*Alonella*），透明薄皮溞（*Leptodora Kindti*)，跨立剑水溞［*Microclops*（*M.*）*varicaricans*］，乌喙明镖水溞（*Heliodiaptomus kikuchii*)，模式有爪猛水溞（*Onychocamptus mohammed*)，中华窄腹溞（*Limnoithona sinensis*)，乌喙明镖水溞（*Heliodiaptomus kikuchii*)。漫湾库区共鉴定 5 门 73 种（属）浮游动物，轮虫（56 种）占据绝对优势，其次为桡足类［8 种（属）］和枝角类［7 种（属）］，介形虫和原生动物各一种。大朝山库区共鉴定浮游动物 5 门 79 种（属），其中轮虫（48 种属）为主要物种，枝角类（18 种属）次之，桡足类 7 种（属），原生动物 5 种（属），介形虫 1 种。两座水库中轮虫都占据绝对优势，且沿水库梯度浮游植物种类增加，大部分枝角类和全部原生动物类群成为大朝山库区的仅有种。

采样期间，2 座水库采集到的浮游动物总物种数随着水库梯度逐渐增加，但增加并不明显，这与浮游植物的变化一致。不同季节和不同库区，各纲浮游动物种类数不同［图 3-3(b)、(c)、(d)］。根据优势度值获得该区域浮游动物的优势种的列别和分布季节见表 3-2。

表 3-2　优势浮游动物类列表

项目		旱季	雨季	平季	漫湾库区	大朝山库区
轮虫	针簇多肢轮虫(*Polyarthra trigla*)				*	
	郝氏皱甲轮虫(*Polyarthra lenticulare*)	*			*	*
	晶体皱甲轮虫(*Ploesoma lenticulare*)		*			*
	晶囊轮虫属(*Asplanchna*)	*				*
	叶状帆叶轮虫(*Argonothcolca foliacea*)				*	
	简弧象鼻溞(*Bosmina coregoni*)	*	*		*	
	脆弱象鼻溞(*Bosmina fatalis*)	*	*	*	*	*
枝角类	象鼻溞幼虫	*				*
	柯氏象鼻溞(*Bosmina coregoni Baird*)	*	*		*	*
	长额象鼻溞(*Bosmina longirostris*)				*	
原生动物	沙壳虫(*ifflugia corona Wallich*)				*	*

注：* 为优势种，即优势度 $Y>0.02$ 的物种。

所有采样点中浮游动物种类波动在 1～19 种，最大值出现在 4 月份大朝山 D2 号样点的表层样品中，最小值出现在 9 月份漫湾库区 M1 号样点的表层样品中。对三个季节水库站点浮游动物种类的单方差分析显示，旱季（$p=0.914$）和雨季（$p=0.619$）的浮游动物种类与水深显著相关，平季里则并无显著关系，因而分层研究浮游植物与浮游动物之间的相互关系成为必要。

2. 浮游动物群落结构

浮游动物的密度是指示河流环境变化的一个重要指标，它反映了环境是否适宜浮游动物的生长繁殖。从图 3-3(a)、(b) 和 (c) 可以看出，旱季浮游动物密度远高于平季和雨季，单样本 KS 检验显示，浮游动物密度呈现正态分布规律，单方差分析显示，浮游动物与水深无明显相关性，浮游植物密度在纵向分布上有差异却无明显规律。

浮游动物的 Shannon-weaver 多样性指数在 1.179～2.57，以大朝山 1 号样点的中层多样性指数最高，以大朝山库区 6 号样点中层多样性指数最低，大朝山库区和漫湾库区多样性指数均值在 1.9 左右。从单一库区来看，多样性指数随水库梯度而增加，但漫湾库区多样性最高点出现在坝中，大朝山库区多样性指数最高点为坝前位置。漫湾库区和大朝山库区的 Pielou 均匀度平均值分别为 0.787 和 0.755，两库区间的区别不大，但漫湾库区内 Pielou 均匀度的偏度和峰度绝对值都较大朝山库区大，根据统计学规律，可以说明漫湾库区内 Pielou 均匀度指数梯度变化范围低于大朝山库区，其变化规律与多样性规律类似，多样性指数和 Pielou 均匀度在漫湾下游 7 号和 8 号样点稍低于漫湾坝前数据，但明显高于大朝山坝尾数据。

表 3-3　漫湾库区和大朝山库区浮游植物群落特征

项目	漫湾水库				大朝山水库			
	均值	标准差	偏度	峰度	均值	标准差	偏度	峰度
shannon 指数	1.961	0.470	−2.139	6.875	1.978	0.080	−2.121	7.383
pielou 均匀度	0.787	0.016	−0.302	−1.006	0.755	0.036	−2.614	9.442
物种数	15.762	1.030	1.220	−0.407	1.336	1.094	−0.071	−1.654

浮游动物是河流生态系统中重要的初级消费者，以浮游植物为食，其数量和种类受浮游植物种类和数量牵制，另外，水体水质也会影响浮游动物的群落结构。

利用对应分析探讨浮游动物与环境因子之间的关系，不同季节间，影响浮游动物数量、种类和多样性的环境因子各不相同。不同的季节间，影响表层浮游植物数量的主要环境因子基本相同，为流量、COD、氨氮和电导率，但其起到的作用却不尽相同。在对所有物种进行初步冗余分析过程中，选择出不同季节里对流速响应最为强烈的种类，依次为 4 月份的针簇多肢轮虫（*Polyarthra trigla*），裂痕龟纹轮虫（*Anuraeopsis fissa*），郝氏皱甲轮虫（*Polyarthra lenticulare*），旋轮虫属（*Philodina*），一角聚花轮虫（*Conochilus. unicornis*），尖尾疣毛轮虫

（*Synchacta atylata*），蹄形腔轮虫（*L. ungulata*），巨头轮虫属（*Cephalodella* spp.），晶囊轮虫属（*Asplanchna*），螺形龟甲轮虫（*Keratella cochlearis*），锯齿龟甲轮虫（*K. serrulata*），柯氏象鼻溞（*Bosmina coregoni Baird*），颈沟基合溞（*Bosminopsis deitersi*），大型溞（*Elodea Canadensis*），锐额溞属（*Alonella*）；7 月份的冠沙壳虫（*Ifflugia corona Wallich*），表壳虫（*Arcella*），刺盖异尾轮虫（*Trichocerca capucina*），卵形鞍甲轮虫（*Lepadella ovalis*）；9 月份的叶状帆叶轮虫（*Argonothcolca foliacea*），平甲轮虫属（*Pla-*

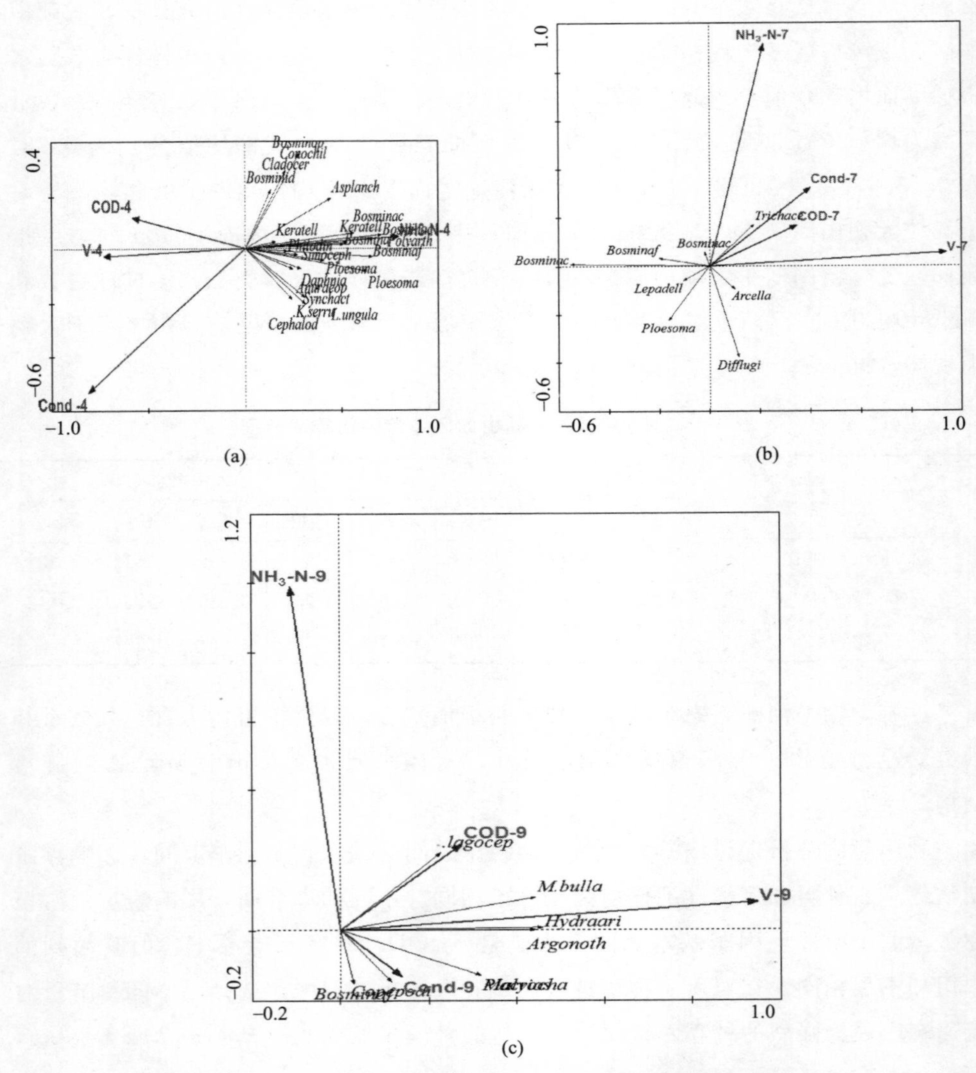

图 3-4　(a)、(b)、(c) 分别为旱季、雨季和平季关键种与所选水质的 RDA 分析结果图

lyias)，近距多棘轮虫（*Macrochaetus subquadritus Pertv*），唇形叶轮虫（*Notholon labis*），囊形单趾轮虫（*M. bulla*），月形单趾轮虫（*lagocephalus lunaris*），桡足类幼虫（*Copepod nauplii*），水螨（*Hydracarina*）。为了能够完整表征浮游植种类与流速及其相关的环境因子的相互关系，上述初选藻类将结合依据优势度和高频率（表 3-4）选择出的能够代表澜沧江优势群落的浮游动物进行进一步讨论。

选择流量、COD、氨氮和电导率 4 项指标进行相关性分析。依上述所列种类以及所得生态系统的优势种和高频种，进一步探究与其作用的环境因子，对浮游生物进行 RDA 分析，旱季、雨季和平季第一轴长度分别为 0.859、0.224、0.390 说明应用线性分析浮游植物和环境因子的关系，线性冗余分析结果（图 3-4）解释了第一轴物种数据在旱季、雨季、平季分别为 42.8%、78.7%、99.7%，第一轴物种与环境因子组合的相关系数在旱季、雨季和平季分别为 0.862、0.069、0.721，第二轴物种与环境因子的相关系数为 99.1%、98.2%、100%，表明浮游植物的一些特定物种环境因子之间存在较强的相关性，在环境指标中，流速对浮游植物的构成作用明显，其中与河流流速关联较强的物种有 *Hydrari*，*Argonoth*，*Bosmmaf*，*Philodin*，*Bosiminal Polvarth*，*Keratell Simoceph* 和 *Ploesoma*，均为生活在相对静止的水域，说明澜沧江流速较缓，利于缓流浮游动物的生长，氨氮的影响相对较强，这说明澜沧江水体还原性物质较强，有趋于水体富营养化方向发展。

第三节　底栖生物对水能资源开发的响应

1. 底泥沉积物样品 DNA 的 PCR 扩增

采用裂解法获得沉积物基因组 DNA，并通过 16S rDNA V3 区具有特异性的引物对（F357GC 和 R518）获得响应的扩增产物。样品扩增结果如图 3-5 所示，图中为部分 PCR 扩增产物，因其他产物图谱一样，在此只列一部分。图中可以看出，该特征产物对微生物基因组的扩增达到了较好的试验结果。

经过 PCR 反应获得的 16S rDNA 基因 V3 区的长度约为 230bp。将各扩增产物作为梯度凝胶电泳的产品，可作为分离和鉴别各个样品微生物种类的依据。

2. 沉积物样品的 DGGE 条带分析

三个季节 39 个样品的变性凝胶电泳（DGGE）的图谱如图 3-6 所示。底泥是微生物生存的重要空间，通过 PCR-DGGE 技术，可以构建底栖微生物的群落结构。

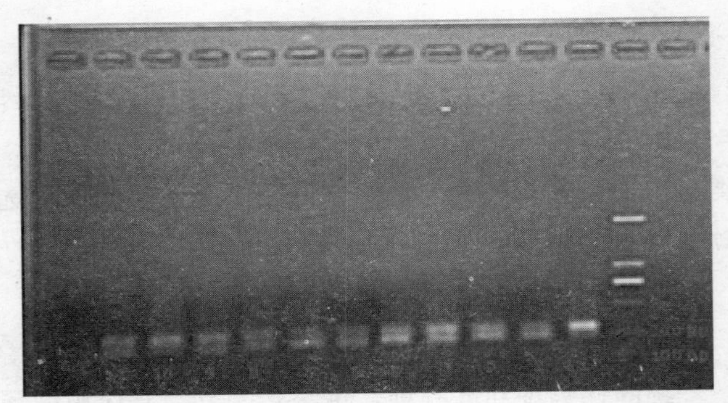

图 3-5 沉积物样品的 16S rDNA 基因 V3 区序列 PCR 扩增产物电泳图

注：从左往右对应样品依次为 M（Marker），B（空白对照），1～11 号样品。Marker 为 DL2000 DNA ladder

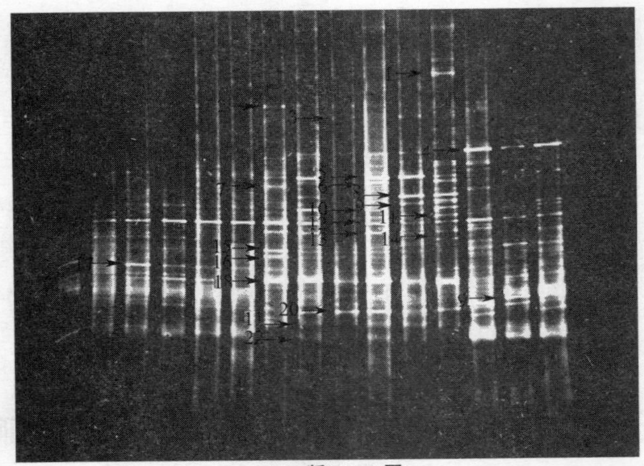

(a) a版DGGE图

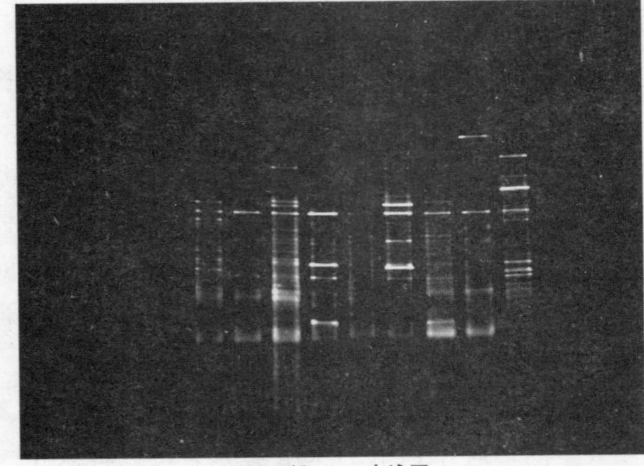

(b) b版DGGE电泳图

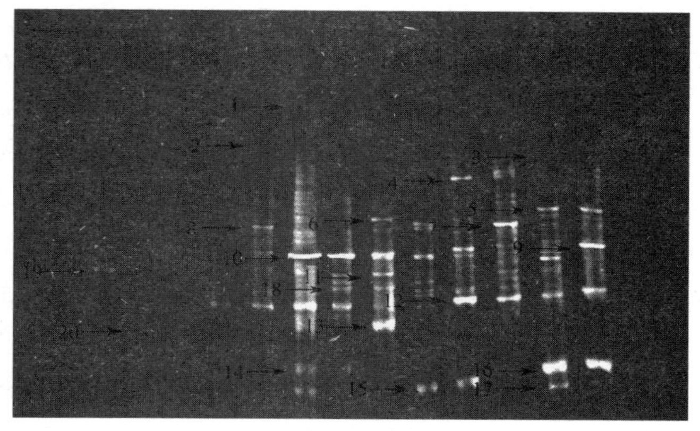

(c) c版DGGE电泳图

图 3-6 DGGE 测序条带图谱

a 版 DGGE 图中泳道从右往左样品依次为：D1-4，D2-4，D3-4，D1-7，D2-7，D3-7，D4-7，D5-7，D6-7，D1-9，D2-9，D3-9，D4-9，D5-9，D6-9。b 版 DGGE 图中泳道从左往右样品依次为：M1-4，M2-4，M3-4，M4-4，M5-4，M6-4，M7-4，M8-4，M8-9。c 版 DGGE 图中泳道从左往右样品依次为 M1-4，M2-4，M 3-4，M1-7，M2-7，M3-7，M4-7，M5-7，M6-7，M1-9，M2-9，M3-9，M4-9，M5-9，M6-9。后面的 4、7、9 表示月份，即 4 月份、7 月份和 9 月份。

39 个样品的 DGGE 条带图谱显示，不同样点条带数量和灰度均有差别，而不同样点间亦有共同拥有的条带。依据 DGGE 对不同 DNA 的分离原理，29 个 PCR 样品中含有数目不等的 DNA 片段，即各样品中微生物多样性有所差异，同时又有相同的类群。这些现象可以说明不同样点处沉积物中既有相同的微生物群落又有差异性。

3. 沉积物样品多样性分析

DGGE 条带中每个条带代表一个微生物类群，其条带的多少反映了微生物细菌群落的多样性情况。本研究中，3 个季节 14 个采样点共计 49 个底泥表层样，这其中 7 月份漫湾下游的 7、8 号样点，9 月份漫湾下游的 7 号样点没有采到表层样，主要归结于当时水流冲刷严重，河道中心无沉积物，主要是大量石块，由于采样条件恶劣和采样器材有限，只采到 49 个样品。这些样品中，总共发现 45 条在不同位置的 DGGE 条带，依据 DGGE 条带分离原理——每个条带代表单一的微生物群落，可以推断出样品遗传多样性非常丰富。样品也即泳道的条带数波动在 6～18 条之间，平均条带数为 11 条。在 3 个季节中条带数最少（6 条）出现在 9 月份的 2 号和 6 号站点，条带数最多（18 条）为 4 月份的 2 号和 3

号站点。在3个季节中有一些条带存在于各个季节的各个站点（a版的12和c版的15号条带），说明澜沧江沉积物环境中普遍存在着某些细菌。有一些特殊条带，如a版的19号条带。

底泥沉积物群落结构变化与季节的相关性通过单方差分析，其结果显示4月份样品在一年中较为特殊，其条带数与7月份和9月份的相关性为0.141和0.123，而且4月份平均条带数最高，为12条，也预示着该季节微生物的多样性也最大。旱季不同样点间的条带相似度波动在29.7%～68.2%之间，其变化率也高于7月份和9月份的变化率，因此4月份中微生物多样性高于其他月份。最高的7月份和9月份相对比较接近，条带平均数均为10，条带波动在6～14条之间。从条带的相似性分析中可以看出，大朝山库区不同站点间的相似性波动范围在18.1%～74.8%，漫湾库区的为28.1%～44.4%，这说明大朝山库区的微生物群落多样性变化率更高，从另一层面也可以看出大朝山库区的差异性更高。

在纵向分布上，根据DGGE图谱中的条带情况，可以大致上分为三种类型，即坝前（M1，M2，D1，D2）、坝中（M3，M4，D3，D4，D5）和坝尾（M5，M6，M7，M8，D6）。澜沧江库区的这种微生物分布趋势，主要受到流速和沉积速率的影响。这一结论已经得到有关研究的证实。

生态系统中多用细菌多样性指数（H）、均匀度（E）指标进行群落结构分析。微生物Shannon-weaver多样性指数是根据DGGE胶上泳道中样带数和条带高斯峰值密度来计算。不同季节和站点的香浓威纳指数如图3-7所示。从空间分

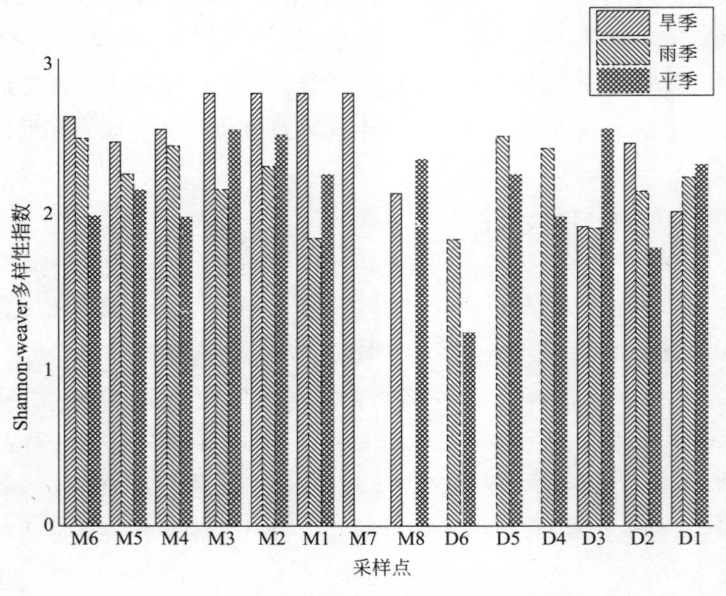

图3-7　香浓威纳指数的时空变化规律

布上来看，漫湾库区的多样性高于大朝山，旱季和平季不论大朝山库区还是漫湾库区，坝前的微生物多样性多高于坝尾，而雨季则相反。更为细致的划分将从时间分布来讲，旱季的多样性指数平均值为2.810，高于雨季和平季的2.228和2.162，而旱季和雨季香浓威纳指数的波动范围并不大，在1.850～2.810之间，平季不同站点间的香浓威纳指数波动稍大，在1.230～2.570之间，平均值为2.16。

依据样品DGGE条带的相似性对所有样品进行聚类分析。由图3-8可以看出，16S rDNA将细菌群落分为三大类，大朝山库区类、漫湾库区4月份归为一类，漫湾库区其他月份所有样点归为一类，这说明细菌在漫湾大坝上下游有明显的差别，同时漫湾库区微生物群落的季节性差异更为显著。DNA在漫湾库区和大朝山库区又分别分为三个小类群，但在归类过程中不同季节间的差异被弱化，但还是可以看出不同季节间微生物群落之间存在着相似性和差异性，这种变化在坝中（D3，D4，M3，M4）表现得最为明显，其微生物在不同季节分属在不同的小类别中，而坝前受季节的影响最小，造成这种现象的主要原因是不同季节水流使得沉积速率改变及其携带的营养盐成分的改变使得库区内沉积环境变化。

4. 底栖微生物与流速和营养盐的响应

对应分析常用来研究生物群落与环境因子之间的相互关系，本研究中采用冗余分析（RDA）将DGGE数字化结果与环境因子进行分析。本研究采用的物理量包括溶解氧（DO）、总氮（TN）、总磷（TP）、氨氮（NH_4-N）、硝态氮（NO_3-N）、化学需氧量（COD）、水温（T）和流速（v）。本研究中选择离沉积物最为接近的底层水样水质和水文与微生物进行分析。在RDA图中（图3-9），空心圆点代表样方，箭头的连线表示水质因子，空心圆点在环境因子上投影的长短表示样方该环境因子值的大小，沿箭头方向环境因子值增大，箭头在排序轴上的投影表示环境因子与排序轴之间的正负相关性，而箭头连线与排序轴的夹角余弦表示该环境因子与排序轴相关性的大小。从图中可以看出，在所有9个环境因子中，pH、TP、NH_4-N、DO、T和电导率在第一和第二排序轴的法线较长，说明营养盐中pH、TN、TP、NH_4-N、DO、T和电导率对菌群的影响比其他环境因子显著。pH($r=-0.7654$)、T($r=-0.6366$)与第一轴成负相关，电导率（$r=0.7975$）与第一轴成正相关，DO($r=-0.5234$)、TP($r=-0.4721$)与第二轴成负相关，TN($r=0.4918$)与第二轴成正相关。

图中1～6为M6-4～M1-4，7～8为M7-4、M8-4，9～11为D3-4～D1-4，12～17为M6-7～M1-7，18～23为D6-7～D1-7；24～29为M6-9～M1-9，30为M8-9，31～36为D6-9～D1-9。

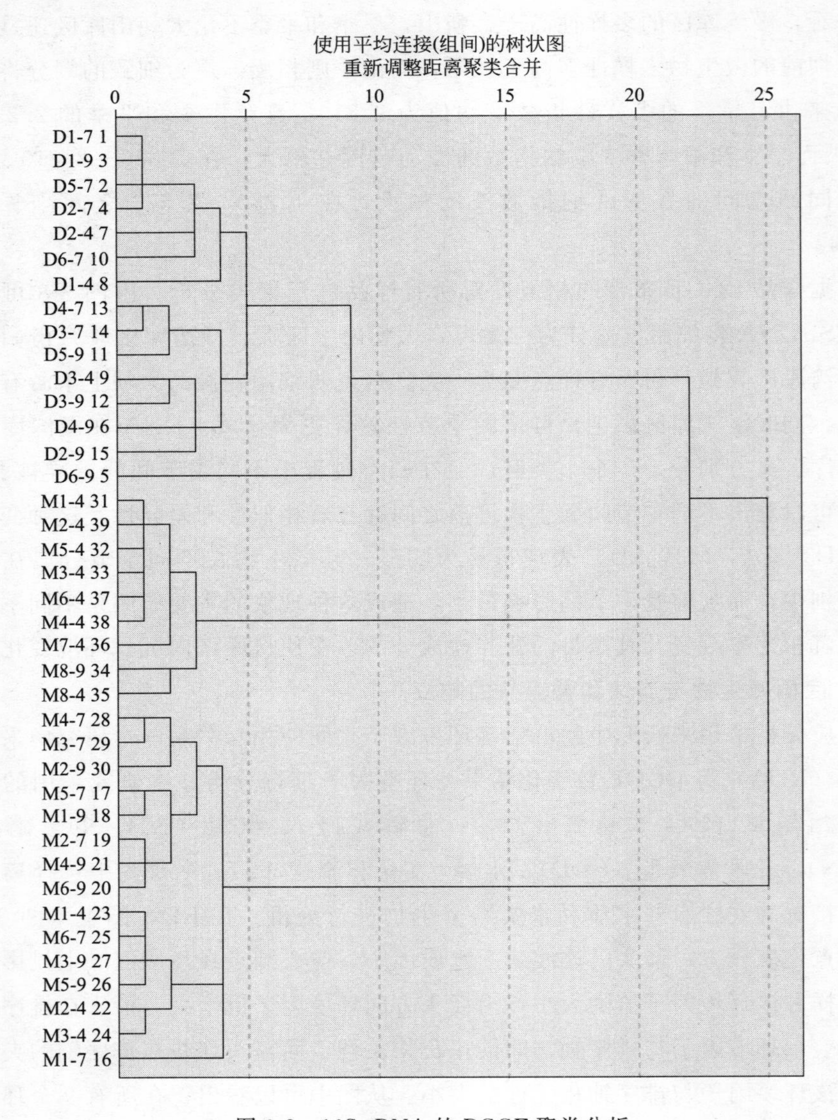

图 3-8　16S rDNA 的 DGGE 聚类分析

在空间分布上，各采样点的菌群在各季节内部分布在四个象限，集中在二、三象限，漫湾的 5、6 号采样点，大朝山库区 9 月份的所有样点均离一、二轴较远，说明各季节受这 7 个理化因子的影响变化较为显著。而在时间分布上，冗余分析可以看出季节变化对菌群结构的影响较为明显，主要表现在同一季节的菌群大致集中在一起，与 4 月份相比，7 月份和 9 月份样点主要集中在第二、第三象限，样点分布相对分散，9 月份的样点集中在第二、第三象限，与其他样点分开，季节分布明显，这说明季节对菌群的影响大。

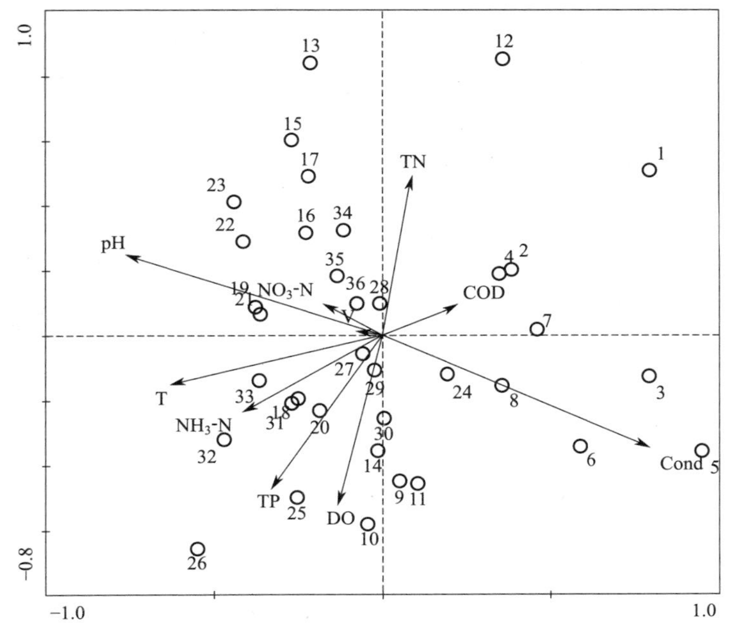

图 3-9　16S rDNA 冗余分析（RDA）图

5. 梯级大坝对底栖微生物的影响研究

梯级大坝对底栖微生物的影响非常明显，从图 3-10 中可以看出，整体上大朝山库区底栖微生物各项指标均低于漫湾库区，底栖微生物多样性指标、均匀度指标和多度指标在 M7 号样点发生显著突变，M7 位于漫湾下游。

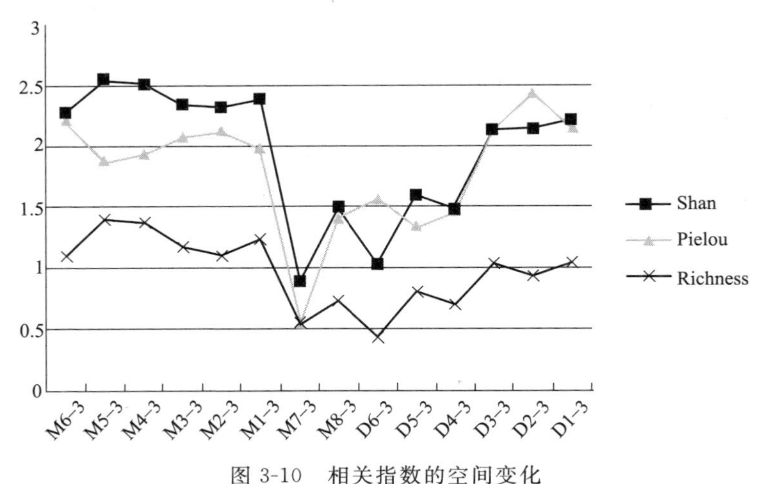

图 3-10　相关指数的空间变化

① 在对表层底栖微生物细菌多样性的研究中发现，微生物多样性的空间变

化远高于季节性变化，这一方面源于澜沧江所属高山气候使得澜沧江流域季节间温度差异不明显，而变化较大的降雨对底泥的影响可以忽略；另一方面，大坝建设使得河道依据水文条件的不同而形成了坝尾（河道型）、坝中（过渡型）和坝前（湖泊型）的不同沉积环境和水质水文条件。

② 影响底栖微生物细菌多样性的主要环境因子为pH、TP、NH_4-N、DO、T和电导率。事实上，水库生态系统中水文条件变化频繁，尤其是澜沧江梯级水库建设，水库首尾相接，使得水文条件变化更为复杂，沉积环境受水文条件影响而变化具有波动性，因此在研究过程中还发现相同季节甚至不同季节间，坝尾、坝中和坝前区域的划分呈现一定的波动性。

参 考 文 献

[1] 邵美玲，韩新芹，谢志才，贾兴焕，刘瑞秋，蔡庆华．香溪河流域梯级水库底栖动物群落比较［J］．生态学报，2007，27（12）．

[2] 刘欣．胶州湾沉积物细菌多样性及菌群时空分布规律研究．中国科学院研究生院（海洋研究所），2010.

第四章　水能资源开发生态成本表征与量化

第一节　生态成本表征

一、生态成本表征指标筛选原则

（1）突出重点原则　流域是以水文循环为基本特征界定的区域，流域水资源的数量、质量、水文循环、开发利用等特征对于流域生态系统有重要的影响，水资源的相关指标也是衡量流域生态系统健康状况的重要指标。

（2）科学性原则　流域生态系统健康指标体系必须面向实际，立足于流域生态系统现状，指标概念明确，并具有一定的科学内涵，能反映评价目标与指标之间的支配关系及流域生态系统内部结构和功能的关系以及流域生态系统健康的内涵，以衡量流域生态系统所处的健康状态。

（3）动态性原则　流域生态系统是不断发展变化的，客观上需要动态性的评价指标体系。指标体系必须具有一定的弹性，能够适应不同时期不同流域的特点，在动态过程中能较为灵活地反映流域生态系统的健康状态，并可以评价和监测一定时期内健康的变化趋势。

（4）整体性原则　流域生态系统健康指标体系覆盖面要广，能够比较全面地反映流域自然生态系统、社会经济系统的健康状态。但是指标之间不是简单相加，而是通过有机联系组成一个层次分明的整体。

（5）多样性原则　指标体系应具有鲜明的层次结构，具体指标在内容上应互不相关，彼此独立，既有定量指标，又有定性指标，既有绝对量指标，又有相对量指标，既有价值型指标，又有实物型指标，这样才能满足不同特点、不同层次、不同范围的流域生态系统健康的度量。

（6）可操作性原则　在保证完备性原则的条件下尽可能选择有代表性的、敏感的综合性指标，并确保指标在度量技术、投资和时间上是可行的，指标之间具有可比性。要尽可能选取现有统计指标，并与地方监测能力和技术水平相适应，以便引入社会和国民经济统计指标来衡量流域社会经济系统的健康水平。指标的数据采集应尽量节省成本，用最小的投入获得最大的信息量。指标应充分考虑时间分布和空间分布问题，以采集方法相同的数据为支持，这样才能进行不同区域和不同时段之间的比较。

二、不同尺度生态成本表征指标识别

以“水”为主体和动态性是河流生态系统区别于陆地生态系统的主要特征，同时河流生态系统还具有纵向的（上游～下游）、横向的（河床～河漫滩或坡高地）、垂向的（地表水～地下水）和时间上（生态系统演化）的4维结构特征。独特而复杂的组成特点、结构体系和生态过程决定了河流生态系统服务功能的多样性以及水电开发对其影响的复杂性。水电开发对河流系统各项生态服务功能的影响特征依水电工程的施工期和运行期以及距离大坝远近不同而异。影响范围和影响机理分析有助于更好地理解水电开发对河流生态系统服务功能的影响。

纵向上，河流是一个线性系统，从河源到河口均发生物理的、化学的和生物的变化，成为一个连续的整体。梯级电站的建设，将河流沿上游到下游纵向分割为若干个河段，形成若干库区生态系统、坝下生态系统和下游较远距离处的流水生态系统。水电工程建设和运行对不同的河段类型所产生的影响特征也不相同，研究中从库区、坝下和下游三种不同河段类型入手，进行比较分析，能够比较全面地反映水电开发对河流生态系统服务功能的影响。

横向上河流水体与两岸河漫滩、坡高地、农田的联系非常紧密。被水电大坝分割而成的每一河段生态系统均由河道内水域、河岸带和陆域三个子系统组成。河岸带是联系水生生态系统和陆地生态系统的中间过渡带，是沟通两者之间物质、能量、信息交换的生态廊道，具有多项重要的服务功能，因此本书突出了河岸带的重要地位。根据本研究区的实际情况，纵向岭谷区澜沧江为高山峡谷型河流，河岸带以坡高地为主，河流水电开发对河流两岸影响范围较为有限，因此本书对河岸带的调查研究集中在距离河岸几百米之内的区域。

一般来说，生态系统具有双重层次，即结构层次和功能层次，结构层次由包含不同生物分类单元的层次组成，功能层次则由不同速率的过程层次组成。随着生态系统服务功能的提出和研究的深入，生态系统服务功能可看作为生态系统结构和生态过程及基本功能之上的更高层次，这样生态系统就具有了三重层次，即结构层次、功能层次和服务层次。河流生态系统水域、河岸带和陆域三个子系统具有显著不同的生态组分结构和生态过程，因此也具有不同的服务功能类型。水域生态系统的各项服务功能通过河流水体结构加以反映，河岸带陆域生态系统的各项服务功能则通过植被和土壤结构反映出来。人类活动对生态系统的干扰遵循由下及上的影响规律，即首先改变生态系统的结构和生态过程及基本功能，进而影响生态系统服务功能。

1. 水电开发对河流生态系统结构的影响

水电开发对河流生态系统水域系统结构的影响主要是改变河流水文水力特性的时空分异，引起小流量增加、大流量减少及总流量减少，并通过水库蓄水的温度和密度分层以及不同的大坝泄水方式改变河道内水域系统物质元素的生物地球化学行为，引起水域物理、化学和生物特征的变化；对河岸带系统结构的影响主要体现在施工期对河岸带植被的破坏和对土壤的扰动，以及电站运行期库区植被的恢复重建和对下游河岸带沉积物供应量的减少；对陆域系统结构的影响主要体现在对与移民相关的农业及其他社会经济格局的影响。

2. 水电开发对河流生态系统基本功能的影响

Tansley 在提出生态系统概念时，强调了生态系统是生态学上的功能单位。物质循环和能量流动是生态系统的两个基本过程，正是这两个基本过程使生态系统各个营养级之间和各种成分（生物成分和非生物成分）之间组织成为一个完整的功能单位。河流是非常复杂的物理、化学、生物系统，是水生生态系统和陆生生态系统之间能量流动和物质循环的重要通道。水电大坝像一把锁锁住了河流的咽喉，产生所谓的“锁”效应，从而改变河流原有的“物质场”“能量场”“化学场”和“生物场”，影响河流生态系统的基本功能。

RCC 理论认为，由源头集水区的第一级溪流起，向下流经各级河流流域，形成一连续的、流动的、独特而完整的系统。这种由上游的诸多小溪至下游大河的连续，不仅指地理空间上的连续，更重要的是生物学过程及其物理环境的连续，强调生态系统中构成河流群落及其一系列功能与流域的统一性，河流物理参数的连续变化梯度形成系统的连贯结构和相应的功能。水电开发对河流生态系统基本功能的影响正是从中断河流连续体开始发生。具体来看，大坝的阻拦作用使得河流原来的物质循环模式和能量流动途径发生变化，水库蓄积了大量的水和悬浮沉积物质，而下游的水和悬浮沉积物供应量却不足，相应的能量也出现库区过剩而下游缺乏的现象。物质循环空间缩小和能量流动通道受阻最终导致整个河流生态系统生物多样性和服务功能的降低。

3. 水电开发对河流生态系统服务功能的影响

生态系统在无人为干扰的情况下，处于生态平衡的状态，生态平衡是生态系统服务功能有效发挥的重要保证。当外界干扰超过生态系统的自我调节能力时，即超过生态阈值时，将造成生态系统的结构破坏、功能受阻、生态功能紊乱以及反馈自控能力下降，即生态平衡失调，生态系统服务功能减弱。生态系统平衡失调在功能上反映为能量流动和物质循环在系统内的某一营养层上受阻或正常途径的中断，服务功能减弱表现为初级生产力下降和能量转化效率降低，以及维持生态系统稳定和健康的能力降低。

自然界的河流是经过上千年长期演变而形成的适合当今气候、地质条件的复合动态平衡系统，具有一定的自我调节能力和自我修复能力。随着社会的进步和人类改造自然能力的不断提高，如今人类已经能够通过各种手段控制河流，不再受到洪水的威胁。然而人类的需求却不仅于此，为了获取更多的自身利益而过多地向大自然索取，水电站建设规模和速度空前扩大，严重破坏了河流生态平衡，使人类重新面临许多新的困难。

水电开发的影响是潜在的、长期的和巨大的，加之河流生态系统功能的多形态性和作用的多变性，使得水电开发对河流生态系统服务功能的影响成为一个极其复杂的过程。生态系统服务功能赋存于生态系统结构及生态过程当中，不同的生态系统结构和生态过程决定了生态系统服务功能的差异。水电开发首先中断河流生态系统的连续性特征，破坏生态系统空间结构和营养结构的完整性，通过物质循环和能量流动等生态过程最终导致生态系统服务功能的变化。梯级水电开发的影响还具有一定的时间累积效应，随着开发级数的增加和电站运行时间的延长，河流生态系统各项服务功能呈现动态变化特征。

生态系统通过光合作用对太阳能进行固定和转化，形成人类生活生产所必需的各种食物和原材料，称之为生态系统的物质生产功能。自然河岸带生态系统的物质生产功能主要表现在食物、木材、纤维、饲料等物质产品的形成和产出。完善的植被结构是河岸带植物产品生产的重要保障，水电开发的施工期往往会对地表植被进行大范围的清除破坏，使得河岸带植被结构受损，物质生产量降低。而大坝建成后库区植被的恢复重建又使得库区河岸带植被结构趋于完整，物质生产功能得到一定的恢复。同时大坝运行通过改变下游水情也能间接对下游河岸带的植被结构和物质生产功能产生一定的影响。

生物多样性资源是人类赖以生存的基础，而生物多样性维持是自然生态系统的服务功能之一，完整健康的自然生态系统能够维持较高的生物多样性。随着人口的增长，人类活动范围和强度不断扩大，自然生态系统正遭受到前所未有的破坏和威胁，其维持生物多样性的功能也受到了极大的负面影响。对河流生态系统而言，水电开发是影响河流生态系统生物多样性维持功能的主要人为干扰之一。

植物群落由于组成成分在群落中所占的空间不同，对群落的结构、外貌、功能、动态等方面所起的作用不同，特别是个体大小差异显著，所以在测度群落中多样性指数时，一般采用对不同的生长型即不同的层次分别进行测度的办法。然而，河岸带生态系统维持生物多样性的服务功能是生态系统乔灌草群落整体的功能表现，而非某一生长型的作用。因此以群落总体多样性反映生态系统的生物多样性维持功能更为准确。

分析大坝不同调度模式下的经济效益以及所产生的生态影响，针对不同的生态影响以及削减目标，计算所应进行的水电开发计划调整以及所造成的经济效益的损失，并以此损失表示相应生态目标的边际经济效益，由此建立水能资源开发生态成本表征的定量核算框架。不同尺度生态成本表征指标识别见表 4-1。

表 4-1 不同尺度生态成本表征指标识别

表征指标			适用水能资源开发尺度			
系统指标	类别指标	表征因子	单体	梯级	流域	区域
水生生态系统	环境因子	关键水质指标	*	*	*	*
	基因流	单一或多个物种基因流变异	*	*		
	物种	单一或者多个物种	*	*	*	*
	种群	种群变化	*	*	*	
	食物网	食物网结构和功能	*	*		
陆生生态系统	物种	单一或者多个物种	*	*	*	*
	种群	种群变化	*	*	*	
	食物网	食物网结构和功能	*	*		
社会经济系统	区域社会经济系统产值	GDP、增长率等	*	*	*	*
	区域社会经济系统人文因素	移民、文物、宗教等	*	*	*	*
	水能资源开发产值	经济效益	*	*	*	*
	社会经济系统能值	能值分析	*	*	*	*

具体表征指标在各个流域或者区域会有不同表现形态。具体生态成本量化方法详见基于生态成本的水能资源适宜性评价部分。

第二节 生态成本量化

本研究中，生态成本量化通过生态参数和生态参数约束之间的比较关系得到刻画，也即生态参数相对于生态目标的满足程度，这种满足程度可以基于目标满意度理论得到某一生态水平下的满意度函数。

基于满意度函数的客观性、简单性和可行性原则，本论文采用基于线性取值的满意度函数定义方法，建立生态成本模型。设生态参数为 $x(m^3)$，在相同的时间背景下，生态参数阈值空间为 $[w_{\min}, w_{\max}]$，其中 $w_{\min}$ 为最小生态参数，$w_{\max}$ 为最大生态参数，同时我们定义 w_{opt} 为理想生态参数。根据目标满意度理论，在 x 生态参数条件下，生态成本函数 $C_1(x)$ 为如下式子：

$$C_1(x)=\begin{cases}\dfrac{x}{w_{\text{opt}}}, 0\leqslant x< w_{\text{opt}}\\ 1, x=w_{\text{opt}}\\ \dfrac{w_{\max}-x}{w_{\max}-w_{\text{opt}}}, w_{\text{opt}}< x\leqslant w_{\max}\\ 0, x> w_{\max}\end{cases}$$

显然，$C_1(x)\in[0,1]$，当生态参数越远离理想生态参数时，其生态成本越高，反之则越低。因此，生态参数 x 的变化通过成本函数 $C_1(x)$ 的值便可以确定生态敏感目标、河流健康和生态风险防范的保证程度，是生态目标的一种定量刻画。

一、基于环境因子的生态成本量化

1. 澜沧江水质指标分析

河流水质是反应水体特征的重要因素，异地输入物质通过扩散、迁移等物理化学过程溶于水体中，并通过沉降等过程积聚于沉积物，水体的物质组成与性质影响沉积物的结构与功能，而沉积物的组成反过来影响水体中离子的浓度和生物有效性。河流水质不仅能够及时反映当时的水体健康状况，还可以定量构建水文情势、土地利用等情况。单一指标因其局限性很难准确反映河流的整体情况，利用多指标组合成为研究河流生态系统环境变化的有效手段。本研究为全面反映河流生态系统的环境演变过程，选取了 9 个物理化学指标，分别为水温（T）、电导率（Cond）、溶解氧（DO）、酸碱度（pH）、化学需氧量（COD）、硝态氮（NO_3-N）、铵态氮（NH_4^+-N）、总氮（TN）、总磷（TP）、水动力指标、流速（V）。

（1）水温　水温是主要的水质物理指标，也是影响水生生物数量和种类的重要指标。研究浮游生物与温度变化关系的实验表明，浮游植物的碳同化系数与温度呈对数相关关系，浮游植物可以通过改变细胞分裂速度和单位叶绿素生产力来适应水温变化。水温在 10～45℃范围内，浮游植物可以生存，但一般来说，浮游植物在 15～30℃时才能进行正常的细胞分裂和光合作用，而 20～25℃是最适宜浮游植物生长的温度，在适宜温度下，温度每增加 10℃，细胞分裂增加近 2

倍。另外，温度变化会影响浮游生物食物网络的结构与功能，温度升高使得鞭毛虫和纤毛虫的数量减少，同时桡足类幼虫到成虫的时间缩短，然而生长周期的缩短使得桡足类成虫数量快速增加，又促进了以此为食的鞭毛虫数量增加，以此打乱浮游动物食物网络结构与功能。温度对浮游动物的影响又表现出一定的滞后性，多年统计数据显示，水库暖冬现象会影响盔形溞在地中海数量下降的频率。

（2）电导率　电导率反映了水中含盐量的多少，间接反映人类生产活动的强度，是水体纯净程度的重要指标之一。电导率对水生生物的影响一方面反映在电导率直接对水生生物的种类和数量上的影响，卞少伟等的研究说明，电导率是仅次于水温而影响浮游植物群落结构的驱动因子。不同物种对电导率的适宜性有所差异，如桡足类和节体幼虫对电导率有较高的容忍值。另一方面，电导率与碱度联系，可以用来表征水体中碳酸根氢离子的数量，而碳酸根是水体中重要的碳汇形式。

（3）溶解氧　溶解氧以分子状态存在于水中，其含量受两种作用影响，一种是使溶解氧下降的耗氧作用，包括耗氧有机物降解和生物呼吸耗氧；另一方面是使溶解氧增加的复氧作用，主要是空气溶氧和水生植物的光合作用等。溶解氧的浓度会影响水中浮游植物光合作用的效率，Eisenstadt 等的研究显示蓝藻等光合作用植物在低溶解氧浓度下效率更高，由此表现出溶解氧与自养植物之间的相互影响作用。另外，溶解氧受温度和水深的影响，对浮游生物在水体中的分布结构产生重要影响，尤其底层的浮游植物和底泥沉积物的微生物受溶解氧的限制性因子的影响。

（4）酸碱度　pH 是重要的水质指标之一，其会影响酶的活性，进而影响生物的生理功能和物质代谢。在淡水中，pH 在 6.4～7.5 之间，pH 是重要的水质指标之一，其会影响酶的活性，进而影响生物的生理功能和物质代谢。通过对 11 种不同藻类对 pH 的适应性研究显示，淡水藻类比海水藻类对 pH 反应更明显。Blouin 等深入研究了 pH 对浮游植物和浮游动物的影响，结果显示 pH 对浮游生物种类的影响高于其对生物量的影响。

（5）化学需氧量　碳尤其是有机碳是影响浮游生物的元素形式，浮游生物既是有机碳的消费者也是有机碳的产生者，因此有机碳与浮游生物之间的相互影响关系较为复杂，无论实验还是野外研究均证实藻类和蓝藻类是可溶性有机碳（DOC）的主要消耗者，DOC 的浓度会影响藻类和蓝藻类的种类和数量。另外，底泥沉积物对碳元素的吸收会影响底层水质，甚至影响水环境中的碳循环。在我们的研究中，检测了水质的化学需氧量（COD_{Mn}）。化学需氧量是衡量水体中有机物质含量多少的指标。

（6）总磷　磷是生物生命组成的重要成分，是浮游植物、浮游动物和底栖微生物的重要限制性因子。同时磷与湖泊富营养化程度直接相关。氮和磷是浮游植物和浮游生物的主要限制性因子，一般的河流系统中，氮元素来源充足，因此磷通常称为限制浮游植物和动物结构的主要因子。Downing 研究显示热带水域中的高温使得硝化速率提高的同时，磷吸收率也得到提高。

(7) 氮元素　氮元素是除磷以外另一个影响浮游生物的重要限制性因子，氮元素对水生生物的影响已经有很多研究，氮元素的化学形态、浓度会影响浮游植物、浮游动物以及底栖微生物群体的群落结构与功能。而硝化和反硝化作用是水体中氮元素循环的重要过程。硝化作用是指铵态氮在酶的作用下转化成硝态氮的过程，中间会产生亚硝态氮产物。由硝态氮转化为铵态氮的过程则为反硝化作用。Ren 等深入研究了有孔虫类原生动物对氮元素的吸收，发现共生性有空类原生动物对沉积物氮元素的吸收更强烈。此研究中，我们监测了总氮、硝态氮和铵态氮的浓度，总氮为硝酸盐氮、亚硝酸盐氮、铵态氮和有机氮的总称，是反应水体富营养化程度的主要指标。硝态氮是氮的氧化形式，其含量的多少可以反映水体的氧化还原情况。硝态氮浓度会影响浮游生物结构群落，增加硝态氮的浓度会使浮游动物的数量减少，由此使得天敌减少的浮游植物数量相应增加。相对的，铵态氮是氮元素以铵根离子形式存在于水体的主要形式，其浓度的多少一定程度上反映了水体还原性的强弱。

在本研究中对水质理化指标进行统计的方法为单方差分析、KS 检验和相关性分析。由于每个样点分成三层，讨论同一样点间深度对理化指标的影响程度，用到了单方差分析，而理化指标的空间分布情况则用 KS 检验来表达，同时，为了弄清楚不同理化指标之间的联系，采用了相关性分析的方法。这些分析采用 SPSS9.0 实现。

单方差分析的步骤如下。

① 做出假设 H_0：因素各水平的变化对指标无影响，即

$$H_0=\mu_1=\mu_2=\cdots=\mu_s \tag{4-1}$$

② 将总的离差平方和 $SS_{总}$ 分解成两部分：组内离差平方和（SS_e）（随机误差和）与组间离差平方和（SS_A）。

$$SS_{总}=\sum_{i=1}^{m}\sum_{j=1}^{n}(x_{ij}-\bar{x})^2=\sum_{i=1}^{m}\sum_{j=1}^{n}x_{ij}^2-\frac{(\sum_{i=1}^{m}\sum_{j=1}^{n}x_{ij})^2}{n\times m} \tag{4-2}$$

$$SS_e=\sum_{i=1}^{m}\sum_{j=1}^{n}(x_{ij}-\bar{x}_i)^2=\sum_{i=1}^{m}\sum_{j=1}^{n}x_{ij}^2-\sum_{i=1}^{m}\frac{(\sum_{j=1}^{n_i}x_{ij})^2}{n_i} \tag{4-3}$$

$$SS_A=\sum_{i=1}^{m}\sum_{j=1}^{n}(x_i-\bar{x})^2=\sum_{i=1}^{m}\frac{(\sum_{j=1}^{n_i}x_{ij})^2}{n_i}-\frac{(\sum_{i=1}^{m}\sum_{j=1}^{n}x_{ij})^2}{n\times m} \tag{4-4}$$

$$S_e^2=\frac{SS_e}{f_e}=\frac{SS_e}{N-m},S_A^2=\frac{SS_A}{f_A}=\frac{SS_A}{m-1} \tag{4-5}$$

$$F=\frac{S_A^2}{S_e^2}=\frac{SS_A/(m-1)}{SS_e/(N-m)} \tag{4-6}$$

查临界表得 $F_\alpha(m-1,\ N-m)$，若 $F>F_\alpha$，拒绝 H_0，否则不能拒绝 H_0。其中，$i=1,2,\cdots,n$，n 为样本数；$j=1,2,\cdots,m$，m 为样本中的理化指标数。

KS 检验分析步骤如下。

单样本 KS 检验是用来检验一个数据的观测经验分布是否已知的理论分布。当两者间的差距较小时，推断该样本取自已知的理论分布。假设零假设的理论分布一般是一维连续分布 F（如正态分布、均匀分布、指数分布等），有时也用于离散分布（如 Poisson 分布），即 H_0：总体 X 服从某种一维连续分布 F。设 $F_0(x)$ 表示理论分布的分布函数，$F_n(x)$ 表示一组随机样本的累积频率函数，D 为 $F_0(x)$ 与 $F_n(x)$ 差距的最大值，定义式：

$$D=\max|F_n(x)-F_0(x)| \tag{4-7}$$

当实际观测 $D>D(n,\ \alpha)$，$D(n,\ \alpha)$ 是显著性水平为 α、样本容量为 n 时，D 的拒绝临界值，则拒绝 H_0，反之则接受 H_0 假设。

2. 澜沧江环境指标的分布特点

针对此次采样特点，每个样点分三层进行采样，并对水样的各项理化指标进行了测量，为了讨论分层研究的必要性，对每个理化指标与深度之间进行了单方差分析，分析的结果如表 4-2 所示，从表 4-2 中得知，仅 9 月份的氨氮和硝态氮显著性小于 0.05，其浓度与深度有显著相关性。虽然如此，依据浮游植物和浮游动物在各层分布情况的差异性，仍将各环境因子在各层的分布规律进行探讨。

表 4-2　各环境因子不同深度上的单因子方差分子结果表

ANOVA						
		平方和	d_f	均方	F	显著性
Cond_4	组间	272.135	2	136.067	0.702	0.503
Cond_7	组间	61.529	2	30.764	1.827	0.174
Cond_9	组间	963.814	2	481.907	1.333	0.275

续表

ANOVA						
		平方和	d_f	均方	F	显著性
pH_7	组间	0.006	2	0.003	1.108	0.34
pH_9	组间	0.018	2	0.009	0.618	0.544
DO_4	组间	1.075	2	0.538	0.567	0.573
DO_7	组间	0.257	2	0.129	1.469	0.243
DO_9	组间	0.059	2	0.03	1.949	0.156
NH_3_N_4	组间	0.003	2	0.001	1.258	0.299
NH_3_N_7	组间	0.003	2	0.002	0.643	0.531
NH_3_N_9	组间	0.727	2	0.363	42.702	0
NO_3_N_4	组间	0.228	2	0.114	2.048	0.147
NO_3_N_7	组间	0.12	2	0.06	0.174	0.841
NO_3_N_9	组间	0.804	2	0.402	46.397	0
TN_4	组间	0.019	2	0.009	0.111	0.896
TN_7	组间	0.446	2	0.223	0.114	0.893
TN_9	组间	19.258	2	9.629	1.042	0.362
TP_4	组间	0	2	0	3.27	0.052
TP_9	组间	0	2	0	0.014	0.986
T_4	组间	0.914	2	0.457	0.113	0.894
T_7	组间	4.828	2	2.414	0.868	0.428
T_9	组间	1.087	2	0.544	0.487	0.618
COD_4	组间	20.681	2	10.34	1.118	0.359
COD_7	组间	8.087	2	4.043	0.09	0.915
COD_9	组间	12.175	2	6.087	0.978	0.385
V_4	组间	0.036	2	0.018	0.154	0.858
V_7	组间	0.126	2	0.063	0.24	0.789
V_9	组间	0.199	2	0.099	0.364	0.699

注：$P<0.05$ 显著性检验。

图 4-1 为各环境因子在 4 月份、7 月份和 9 月份所有各层的总趋势分布图。M1～6 依次为从漫湾坝前至小湾下游 6km 处，每隔 6km 的布点，M7～8 为漫湾坝下 7km 和 17km 处的两个布点。D1～6 为大朝山坝前至漫湾方向上每隔 10km 的布点。

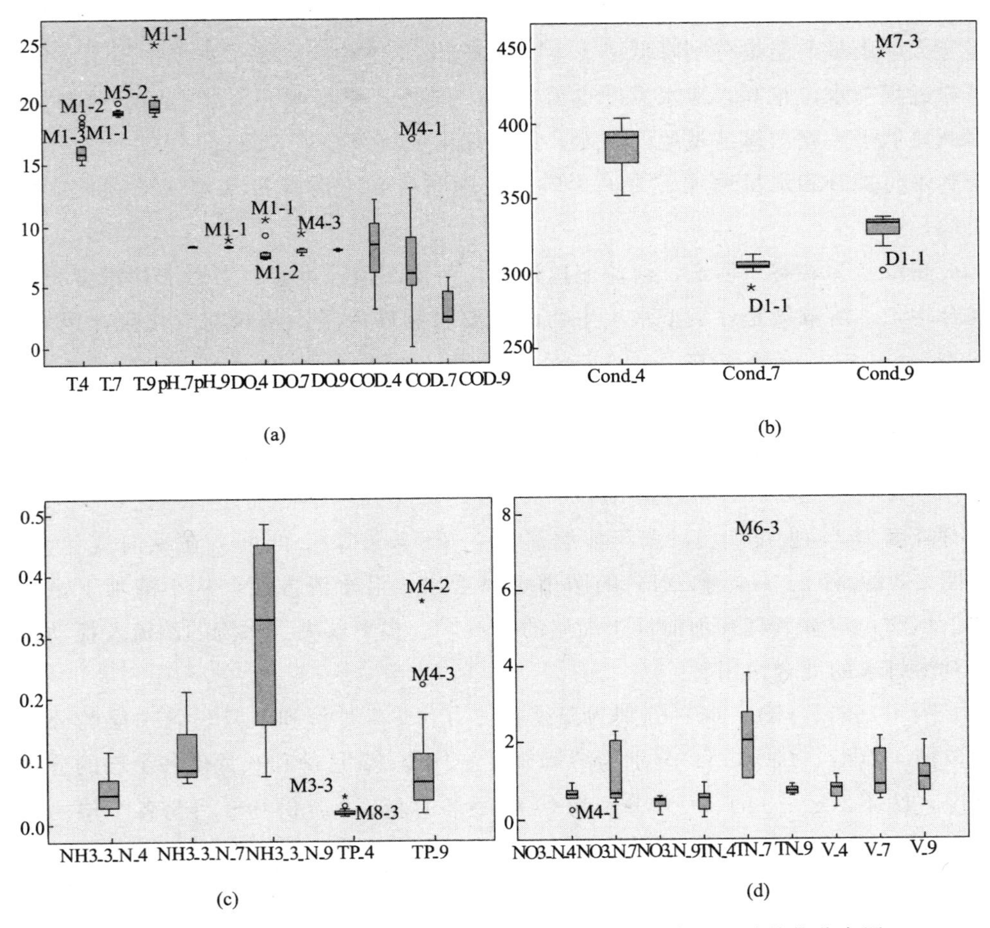

图 4-1　各环境因子在 4 月份、7 月份和 9 月份所有各层的总趋势分布图

澜沧江设置了 14 个样点，分旱季（4 月份）、雨季（7 月份）和平季（9 月份）三个季节进行采样。考虑到水库库区通常会有变温层，而澜沧江平均水深在 20m 以上，设计采样时同一地点每个样点分三层进行采样。水温是主要的水质物理指标，也是影响水生生物数量和种类的重要指标。从时间变化规律来讲，从图 4-1 的（a）图可以看出，全年温度变化在 15～22℃之间但温差不足 10℃，迎合了澜沧江亚热带高山气候特征。澜沧江水库平季温度偏高，旱季温度最低，全年中，温度波动最大的月份出现在旱季，波动范围为 15.1～20.9℃，前后相差近 6℃；波动最小的为雨季，波动范围为 20.8～19.0℃，前后不差 2℃。水温在垂向上的分布并不明显，4 月份、7 月份和 9 月份的单方差分析分别为 0.894、0.868 和 0.487，均大于 0.05，深度与温度无显著关系，这说明澜沧江水温分层现象并不十分明显。从图 4-2 的（a）和（c）图可以看出，纵向分布上具有坝前

高于坝尾的特点，小湾坝下至漫湾坝前温度分别降低了 3℃和 5.8℃，而漫湾坝尾至大朝山坝前温度分别降低了 4.4℃和 3.2℃。这种变化源于水坝抬高了水位，越靠近坝前水位越高，泄水温度也就越低，同时，漫湾坝下水温低于坝前水位，因此拉低了大朝山库区坝尾的温度，这体现出了梯级水坝开发过程中，水温不仅受到水位提升和水量增加带来的影响，还同时受到上游梯级水坝的累积效应的影响。

澜沧江为峡谷型河道，河流流速较高，河流湍流速度急，各营养盐浓度相对混合均匀。溶解氧是好氧型水生生物的重要限制性因子。从时间变化规律来看，图 4-2(a) 中，溶解氧在 4 月份、7 月份和 9 月份的均值分别为 8.24mg/L、7.79mg/L 和 7.98mg/L，偏度为 0.956、2.999 和－0.453，峰度分别为－0.295、15.359 和 0.655。溶解氧在不同季节的波动范围为 7.17～10.48mg/L，偏度波动在－0.041～2.999，峰度波动在－1.367～15.359，根据统计学理论，正态分布时峰度为 3，偏度为 0，全年溶解氧在 7.5～8.9mg/L 之间。在纵向变化上，从图 4-2 的（d）、（e）和（f）的图谱可以看出，沿水流方向，从小湾坝下至大朝山坝前，溶解氧具有坝前低于坝尾的特点，这多半取决于水流的湍流及搅动作用对溶解氧的混合作用。

图 4-2(a)、(b)、(c) 分别为温度在 4 月份、7 月份和 9 月份各个层的分布图，图 4-2(d)、(e)、(f) 分别为溶解氧在 4 月份、7 月份和 9 月份各个层的分布情况，图 4-2(g)、(h)、(i) 分别为 COD 在 4 月份、7 月份和 9 月份各个层的分布情况，图 4-2(j)、(k) 分别为 pH 在 7 月份和 9 月份各个层的分布情况。其中 sur 指表层，水面以下 0.5m；mid 指中层也称变温层，依据变温层不同而有变；bot 指底层，为底泥以上 0.5m 处。

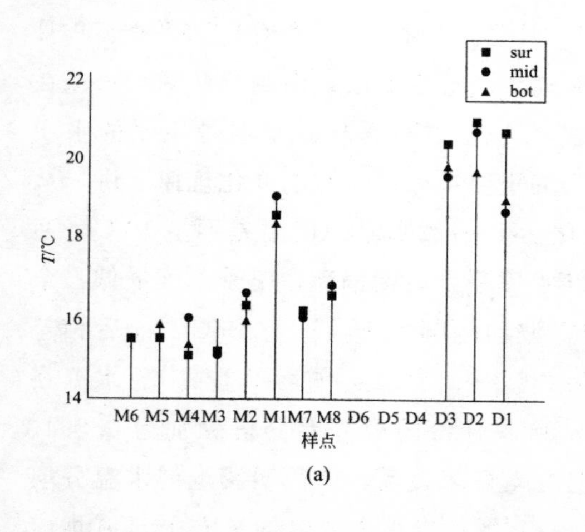

(a)

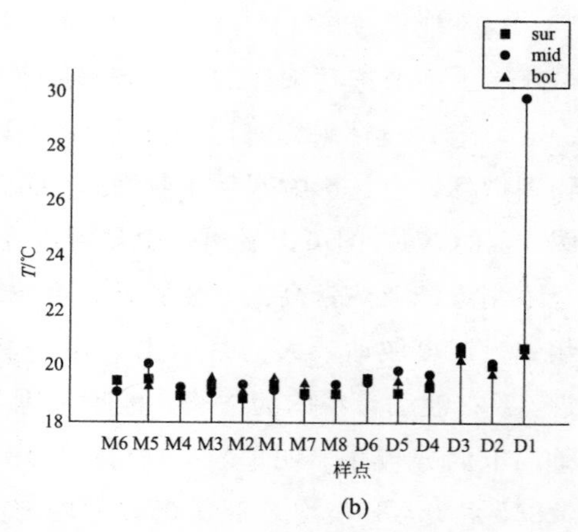

(b)

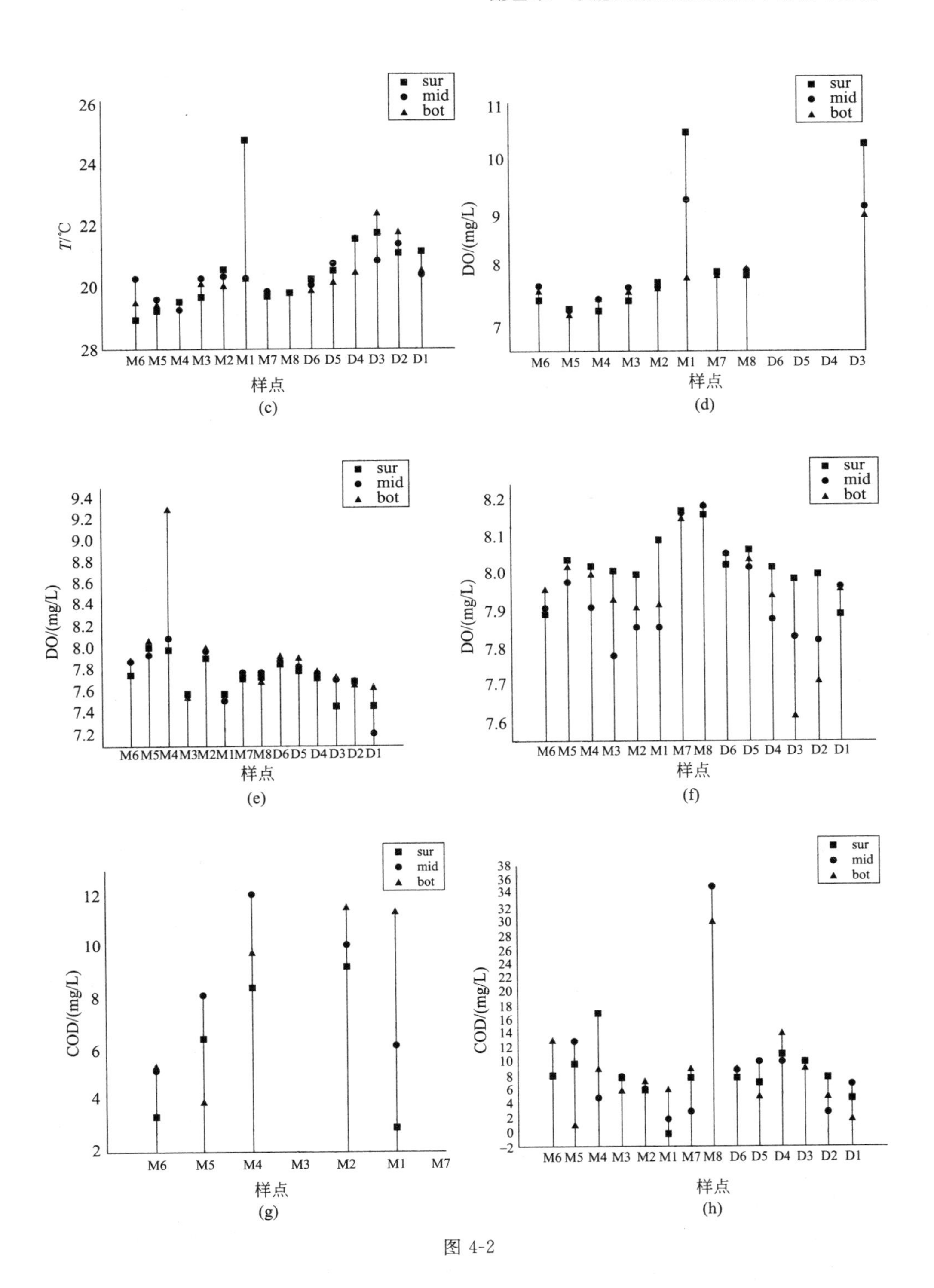

sur
mid
bot
26
24
22
20
28
T/℃
M6 M5 M4 M3 M2 M1 M7 M8 D6 D5 D4 D3 D2 D1
样点
(c)
11
10
9
8
7
DO/(mg/L)
M6 M5 M4 M3 M2 M1 M7 M8 D6 D5 D4 D3
样点
(d)
9.4
9.2
9.0
8.8
8.6
8.4
8.2
8.0
7.8
7.6
7.4
7.2
DO/(mg/L)
M6M5M4M3M2M1M7M8D6 D5 D4 D3 D2 D1
样点
(e)
8.2
8.1
8.0
7.9
7.8
7.7
7.6
DO/(mg/L)
M6 M5 M4 M3 M2 M1 M7 M8 D6 D5 D4 D3 D2 D1
样点
(f)
12
10
8
6
4
2
COD/(mg/L)
M6 M5 M4 M3 M2 M1 M7
样点
(g)
38
36
34
32
30
28
26
24
22
20
18
16
14
12
10
8
6
4
2
0
-2
COD/(mg/L)
M6 M5 M4 M3 M2 M1 M7 M8 D6 D5 D4 D3 D2 D1
样点
(h)

图 4-2

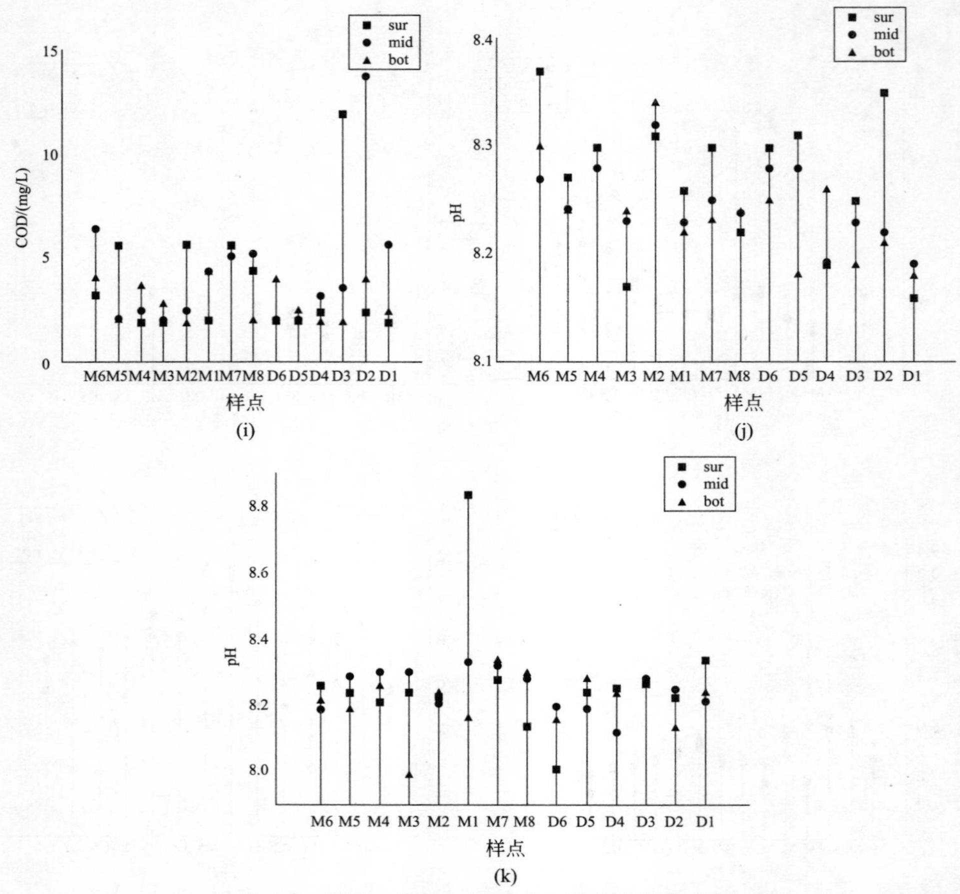

图 4-2 温度、溶氧、COD 和 pH 的空间分布图

从时间变化来看，COD 在不同季节的波动范围为 2～13.74mg/L 之间，偏度为－0.041～2.485，峰度为－1.367～8.001，但不同季节间，旱季、雨季和平季COD 的均值为 7.59mg/L、8.80mg/L 和 3.75mg/L，而正态分布图中，平季左尾拖得更长，较雨季和旱季，COD 值更偏小，说明平季 COD 浓度整体偏低。在纵向分布上，大朝山库区 COD 的浓度受到水库截留和上游水库水质情况的双重影响，这表现在接近漫湾坝下的区域 COD 含量更接近漫湾坝前的浓度，而随着越来越靠近大朝山坝前，COD 浓度呈现出与漫湾库区类似的从坝尾至坝前逐渐降低的趋势。

从时间上来看，全年澜沧江 pH 波动范围为 7.99～8.83，平均值在雨季和平季分别为 8.25 和 8.24，偏弱碱性。雨季表层样点 pH 在各个采样点均高于响应采样点其他深度的 pH，然而平季则相反。在垂向分布上，雨季时期漫湾库区底层 pH 高于其他深度的 pH，而漫湾下游至大朝山坝前表层 pH 高于其他层，旱季时漫湾库区中层 pH 明显高于其他层，漫湾下游至大朝山坝前却无明显规律，pH 的高低根本上与水中氢离子浓度相关，pH 的分层规律一定程度上受水中营养盐成分和温度的影响。在纵向分布上，漫湾库区和大朝山库区的 pH 呈现类似的从坝尾至坝前逐渐降低的趋势，但漫湾下游 M7 和 M8 点接近于漫湾坝前的 pH，有区别于大朝山库区坝尾的 pH 浓度，这说明漫湾库区的水质会影响大朝山库区的 pH，这种影响却是种负面影响。

此研究中，从时间分布来看，澜沧江电导率波动范围在 301～446μS/cm，全年漫湾库区的电导率明显高于大朝山库区。在垂向分布上，底层电导率略高于表层，这与底层底泥与水质之间强烈的生物化学活动有关，然而垂向上电导率的差距不大，从表 4-2 可以看出，电导率与深度的显著性在 0.17～0.54 之间，关系并不显著，然而不同季节间仍能看出变化。从纵向分布来看，漫湾坝下的 M7、M8 点有区别于大朝山库区坝尾的 D6 和 D5 号样点，其浓度大小更接近于漫湾坝前电导率浓度，随着越来越靠近大朝山坝前，大朝山库区电导率浓度呈现出与漫湾库区类似的从坝尾至坝前电导率逐渐上升的趋势，这一方面说明漫湾库区的电导率浓度对下游水质有影响，而同时库区的电导率又受本库区营养盐来源和浓度的影响，另一方面，电导率是水中离子浓度的表征，坝前电导率高，即表征坝前水质中无机物质偏高，富营养化程度相对偏高。

图 4-3(a)、(b)、(c) 分别为电导率在 4 月份、7 月份和 9 月份各个层的分布情况，图 4-3(d)、(e) 分别为总磷在 4 月份和 9 月份各个层的分布情况，图 4-3(f)、(g)、(h) 为分别为铵态氮在 4 月份、7 月份和 9 月份各个层的分布情况，图 4-3(i)、(j)、(k) 分别为硝态氮在 4 月份、7 月份和 9 月份各个层的分布情况；图 4-3(l)、(m)、(n) 分别为总氮在各层的分布情况。其中 sur 指表层，水面以下 0.5m；mid 指中层也称变温层，依据变温层不同而有变；bot 指底层，为底泥以上 0.5m 处。

从时间分布来看，总磷在澜沧江的含量波动在 0.1～0.36mg/L，平均值分别为 0.012mg/L 和 0.080mg/L。KS 检验得知旱季和平季的 P 值分别为 0.106mg/L 和 0.143mg/L，远大于 0.05mg/L，总磷在两个季节均符合正态分布规律。垂向分布规律显示，平季总磷与水深单方差分析结果为 0，显示总磷与水深有明显相关性，底层的总磷含量高于其他层，而纵向上坝尾的总磷含量高于坝前。纵向分布上，小湾坝尾至漫湾坝前总磷浓度呈现递减趋势，而漫湾坝下至大朝山坝前总磷浓度呈现递减趋势，这与猫跳河的总磷分布趋势一致，漫湾库区总磷平均浓度 0.120mg/L 大于 0.113mg/L，而且漫湾下游 M7、M8 号样点总磷浓度明显区别于大朝山库区总磷变化规律，并且浓度大小接近于漫湾坝前水体浓度，这说明漫湾库区对总磷具有截留作用，并会影响到下游水库的磷分布情况。

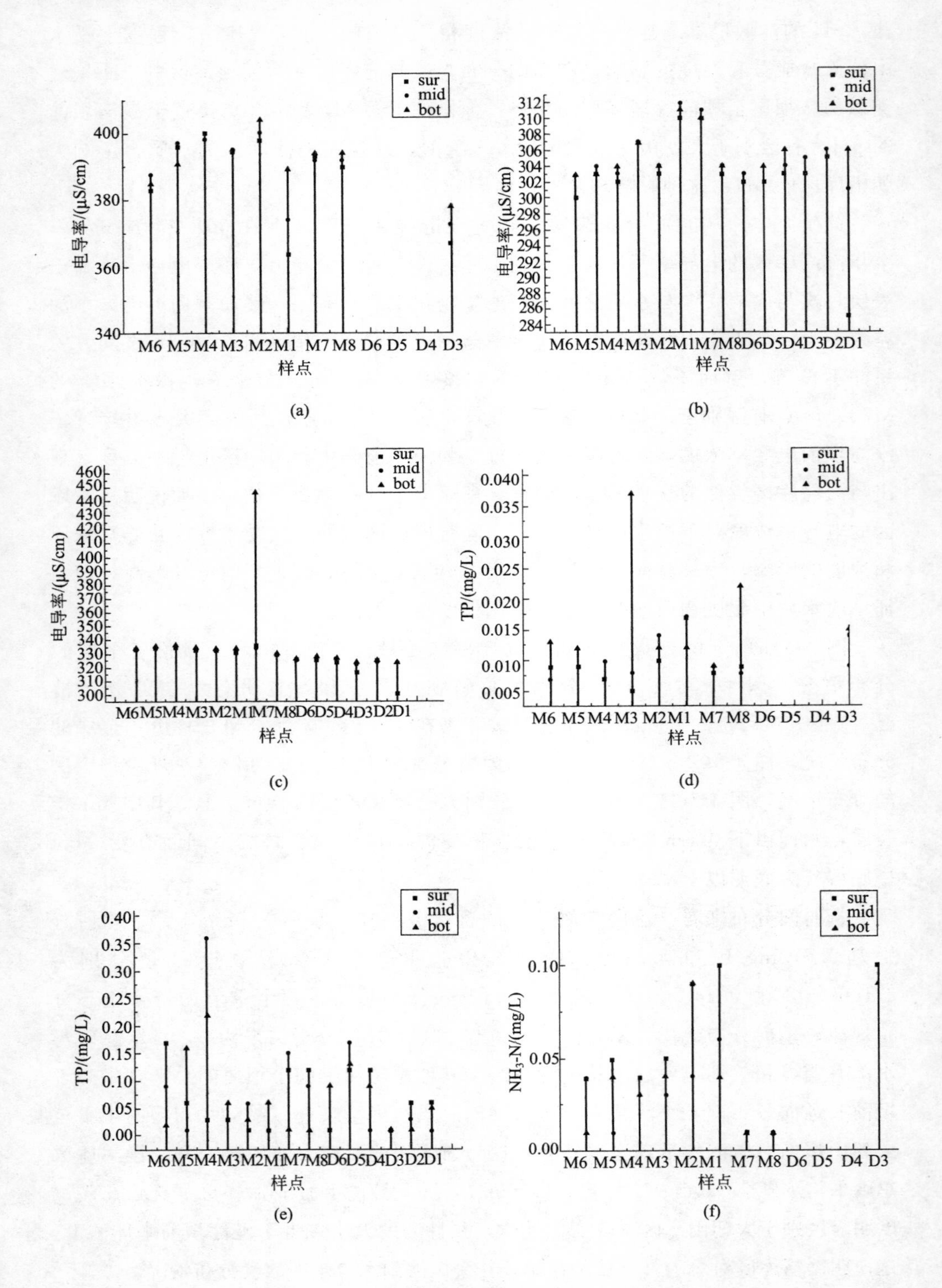

sur
mid
bot
电导率/(μS/cm)
样点
M6 M5 M4 M3 M2 M1 M7 M8 D6 D5 D4 D3
(a)
电导率/(μS/cm)
样点
M6M5M4M3M2M1M7M8D6D5D4D3D2D1
(b)
电导率/(μS/cm)
样点
M6M5M4M3M2M1M7M8D6D5D4D3D2D1
(c)
TP/(mg/L)
样点
M6 M5 M4 M3 M2 M1 M7 M8 D6 D5 D4 D3
(d)
TP/(mg/L)
样点
M6M5M4M3M2M1M7M8D6D5D4D3D2D1
(e)
NH3-N/(mg/L)
样点
M6 M5 M4 M3 M2 M1 M7 M8 D6 D5 D4 D3
(f)

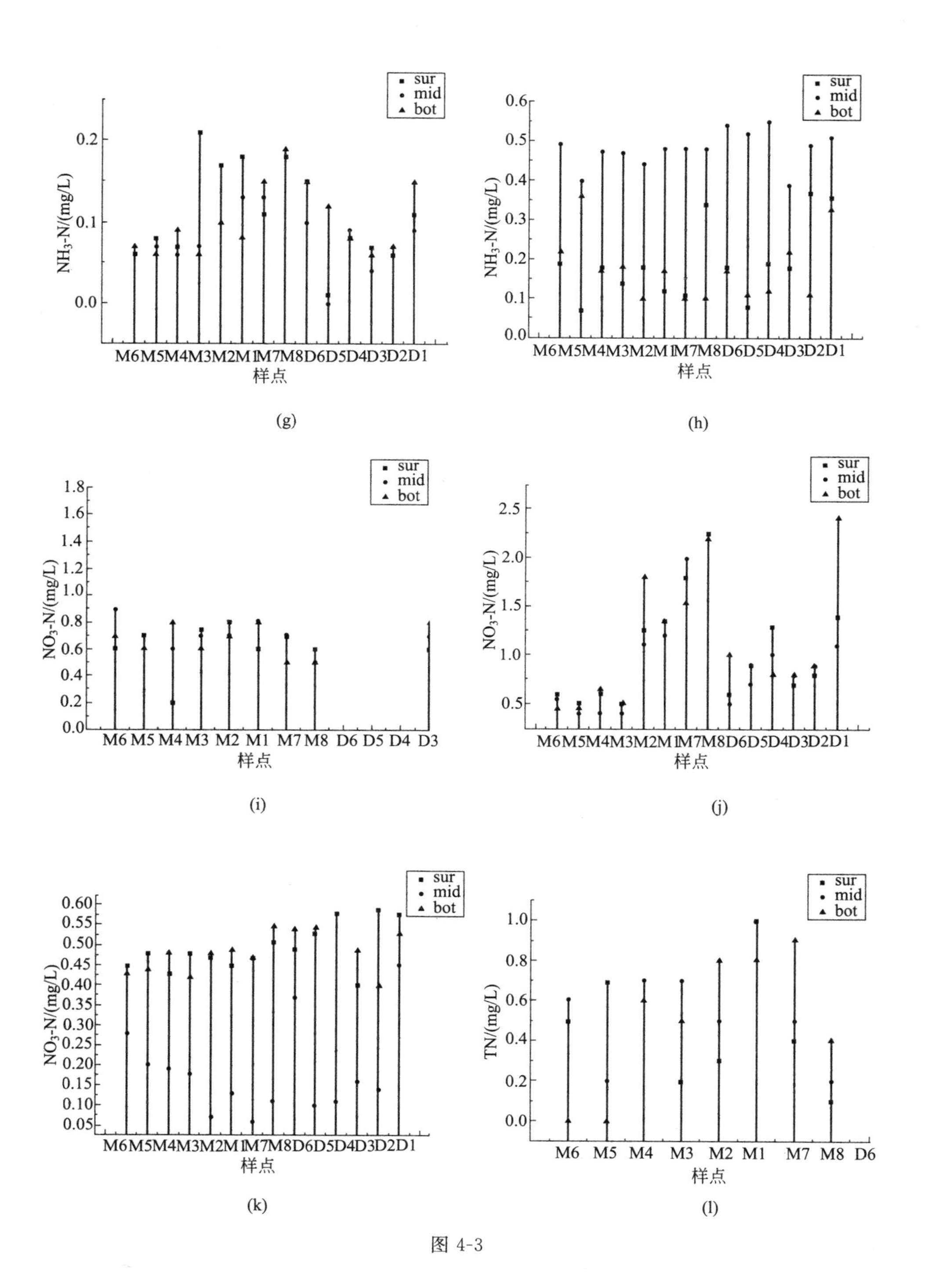
sur
mid
bot
NH_3-N/(mg/L)
M6M5M4M3M2M1M7M8D6D5D4D3D2D1
样点
(g)
(h)
NO_3-N/(mg/L)
M6 M5 M4 M3 M2 M1 M7 M8 D6 D5 D4 D3
(i)
(j)
(k)
TN/(mg/L)
M6 M5 M4 M3 M2 M1 M7 M8 D6
(l)

图 4-3

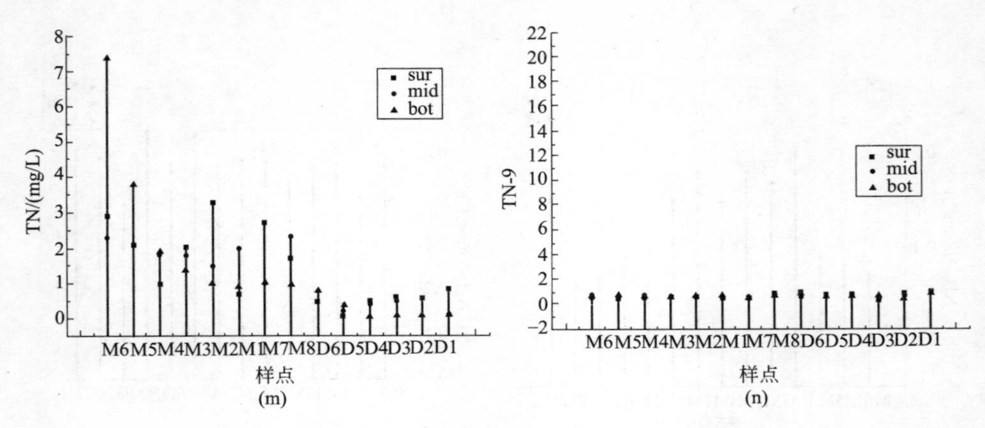

图 4-3 电导率、铵态氮、硝态氮、总磷空间分布图

此研究中，从时间上来看，铵态氮浓度在旱季、雨季和平季的波动分别为0.01～0.11mg/L、0.01～0.21mg/L、0.07～0.55m/L，均值分别为0.052mg/L、0.100mg/L及0.282mg/L。KS检验中，显著性除9月份外，铵态氮分布符合正态分析。在垂向分布上，铵态氮在9月份经单方差分析可得知其浓度与水深有明显的相关性。而在不同深度的分布上，4月份表层样略高于其他深度的样品，而7月份漫湾库区的表层样铵态氮浓度略高，大朝山库区底层样铵态氮浓度略高，9月份则中层样明显高于底层和表层样品，这种分布受水库中氧化还原环境的影响，与水生生物的生化作用有明显相关。在纵向分布上，不同季节的氨氮分布呈现相似的规律，即坝尾的铵态氮浓度低于坝前，这与澜沧江水文水动力条件有关，坝尾流速高，水流湍动激烈，溶解氧高，氧化性高，而库区则相反，受库区有机物汇源高及还原性环境强烈的影响，坝前的铵态氮浓度明显高于坝尾。

在时间分布上，硝态氮在旱季、雨季和平季的波动范围分别为0.10～1.70mg/L、0.40～2.40mg/L、0.06～0.59mg/L，均值分别为0.680mg/L、1.04mg/L、0.388mg/L，而KS检验除4月份硝态氮浓度呈均匀分布外，雨季和平季的硝态氮浓度呈正态分布。促成季节性显著差异的主要原因是水中外源性有机物输入量的变化和生物化学作用的影响。在垂向变化上，4月份和7月份的变化并不明显，单方差分析的结果已经显示，但9月份的硝态氮单方差分析结果为0，显示其浓度与水深有明显相关性，而从图4-3中亦可看出，中层铵态氮浓度明显低于其他两层，同时相关分析显示这与水温和流速有明显相关性（相关性系数>0.4），对7月份和9月份硝态氮和铵态氮的相关性分析显示，其相关性分别为0.572和0.734，有显著相关性，这些数据说明氨氮受水温和水动力学条件的影响，而氨氮作为重要的反硝化作用产物，对水生生物的影响是非常明显的。

在纵向分布上，7月份硝态氮浓度呈现坝尾低于坝前的规律，而4月份和9月份则分布较为平均，这从某一侧面显示水中硝态氮浓度受水动力学条件影响。

总氮是衡量水质的重要指标之一。总氮在旱季、雨季和平季的波动范围分别为0.10～1.00mg/L，0.10～7.40mg/L，0.52～20.41mg/L，平均值分别为0.487mg/L、1.394mg/L、1.174mg/L。KS检验结果显示，4月份和7月份总氮的分布分别呈现正态分布和指数分布的情况，而9月却无明显规律。对不同月份的总氮浓度进行单方差分析显示，总氮浓度与水深无明显关系，而在纵向分布上，7月份从小湾下游至大朝山坝前，总氮浓度逐步降低，而4月份和9月份纵向分布无明显差别，同时漫湾库区总氮含量高于大朝山库区，显示出漫湾大坝对总氮的截留效应。

流速是表征库区水动力学情况的主要指标。澜沧江八级阶梯水库的建设，强烈改变了水库的水动力学条件。此研究中，澜沧江流速的波动在0.07～2.10m/s，流速在垂向分布上无明显差别，但从坝尾至坝前则明显减少，这种变化与水库的水文条件相符。与众环境因子的相关性分析显示，流速与溶解氧、铵态氮、温度、电导率、COD、总氮、总磷和铵态氮都有或正或负的相关性，其相关系数在0.3～0.7之间。

如图4-4所示，对采样期间14个样点的主成分分析发现，水质指标主要集中在三、四象限，电导率、溶解氧和氨氮与一号轴呈负相关，pH、COD与二号轴呈正相关，氨氮与二号轴呈负相关。依据环境因子的变化情况，采样点可分为三类，M1、M2、M4、M6、M8为第一类，M3、M5、D1、D2、D3为第二类，M7，D4，D5，D6为第三类。显然第一类样点主要受总氮、COD、pH影响，第二类样点主要受氨氮影响，第三类样点则主要受电导率、溶氧、氨氮影响，因此可以将营养盐归为三类。

流域梯级开发使河流湖库化，从单一水库来看，漫湾库区和大朝山库区水体中水质和水文指标在时间、纵向和垂向变化上呈现相似的规律。漫湾库区的坝前下泄水体的水温会对下游库区的水温产生累积效应，并且漫湾库区对总氮和总磷有一定的梯级拦截效应。梯级大坝的这种累积效应，并不是作用在所有水质要素中，如DO，数据分析显示，其浓度与流速明显正相关，另外，氨氮和硝态氮的浓度也主要受水体中水温和流速（相关系数>0.4）的影响。

根据西藏自治区环境保护局对“澜沧江上游（西藏境内河段）水电规划环境影响评价”的标准确认函，除芒康滇金丝猴国家级自然保护区内河段执行《地表水环境质量标准》（GB 3838—2002）Ⅰ类水域标准外（对应古学至白塔水河段），其余河段均执行Ⅲ类水域标准。西藏芒康滇金丝猴国家级自然保护区内执

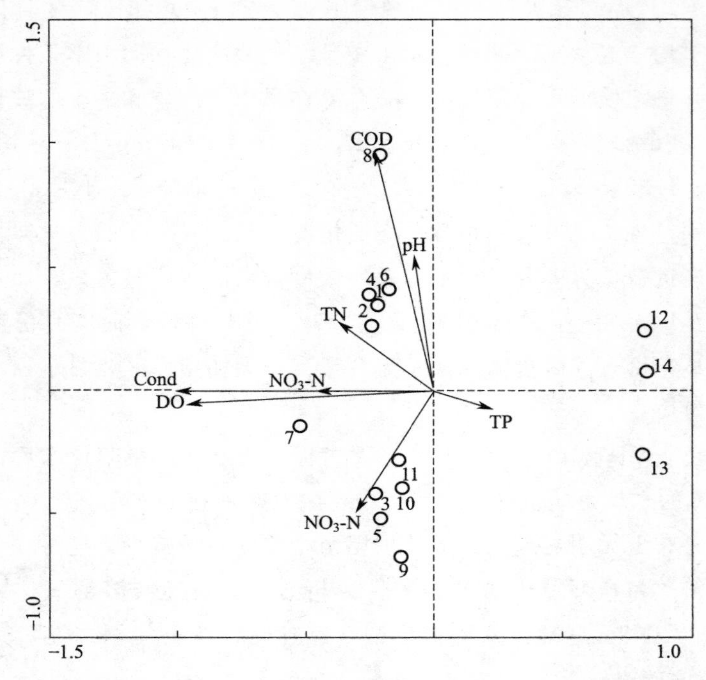

图 4-4 水质指标主成分分析，图中 1～14 分别对应 M1～M8，D1～D6 采样点

行《地表水环境质量标准》（GB 3838—2002）Ⅰ类水域标准；西藏芒康滇金丝猴国家级自然保护区外执行《地表水环境质量标准》（GB 3838—2002）Ⅲ类水域标准。

根据云南省环保局 2001 年 6 月发布的《云南省地表水环境功能区划（复审）》（云环控发［2001］613 号）文件，澜沧江干流入云南省境～戛旧段水功能为珍稀鱼类保护区，执行《地表水环境质量标准》（GB 3838—2002）的Ⅱ类水质标准；戛旧～出国境段水功能为集中式饮用水水源地二级保护区，执行Ⅲ类水质标准。澜沧江云南境内主要一级支流水环境功能区划见表 4-3。

表 4-3 澜沧江云南境内主要一级支流水环境功能区划

一级支流	河段范围	主要功能	水质控制类别	所在地区
阿东河	源头～入江口	饮用一级	Ⅱ	德钦
永春河	源头～入江口	工业用水	Ⅳ	维西
通甸河	源头～入江口	工业用水	Ⅳ	兰坪
碧玉河	源头～入江口	饮用二级	Ⅲ	兰坪
沘江	源头～金鸡桥	工业用水	Ⅳ	兰坪
沘江	金鸡桥～入澜沧江口	饮用二级	Ⅲ	云龙

续表

一级支流	河段范围	主要功能	水质控制类别	所在地区
漕涧河	源头～入澜沧江口	工业用水	Ⅳ	云龙、宝山
倒流河	源头～入澜沧江口	工业用水	Ⅳ	永平
银江河	源头～入澜沧江口	饮用二级	Ⅲ	永平
黑惠江	源头～入澜沧江口	饮用二级	Ⅲ	剑川、漾濞、南涧
罗闸河	源头～入澜沧江口	饮用二级	Ⅲ	昌宁、风庆、云县
勐戛河	源头～入澜沧江口	饮用二级	Ⅲ	景谷
小黑江	源头～入澜沧江口	饮用二级	Ⅲ	澜沧、双江
勐董河(跨国界)	源头～出国境	一般鱼类保护	Ⅲ	沧源
威远江	源头～入澜沧江口	一般鱼类保护	Ⅲ	镇沅、景谷
黑河	源头～入澜沧江口	一般鱼类保护	Ⅲ	澜沧
南果河	源头～入澜沧江口	饮用二级	Ⅲ	勐海、景洪
南养河	源头～入澜沧江口	饮用一级	Ⅱ	景洪
纳板河	源头～入澜沧江口	国家自然保护区	Ⅰ	景洪
流沙河	源头～入澜沧江口	饮用二级	Ⅲ	勐海、景洪
补远江	源头～入澜沧江口	饮用二级	Ⅲ	思茅、景洪、勐腊
南阿河	源头～入澜沧江口	饮用二级	Ⅲ	景洪
南腊河	源头～勐腊水厂	饮用一级	Ⅱ	勐腊
南腊河(跨国界)	勐腊水厂～出国境	一般鱼类保护	Ⅲ	勐腊
南拉河	源头～至南览河段	工业用水	Ⅳ	澜沧
南览河(跨国界)	南拉河交界口～出国境	饮用二级	Ⅲ	勐海
南垒河	源头～出国境	一般鱼类保护	Ⅲ	孟连

根据水环境调查及水质指标分析，在不考虑外源输入的情况下，发现水库水质主要受本级水库和上一级水库调节方式的影响，将水库分为流水型、滞水型和混合型，各个类型的关键水质参数见表 4-4。

表 4-4 水库类型与关键水质参数

水库类型	主要水质参数				
	总氮	氨氮	COD	pH	溶解氧
流水型		*			*
滞水型	*		*	*	
混合型		*			

澜沧江全部干流和支流执行Ⅱ、Ⅲ或者Ⅳ类水质标准，其中澜沧江干流需满足Ⅲ类水质标准，除部分重金属指标外，目前澜沧江各级水库水质标准基本维持在Ⅲ类。Ⅲ类地表水环境质量标准见表 4-5。

表 4-5 关键水质指标Ⅲ类地表水环境质量标准

总氮	氨氮	COD	pH	溶解氧
1mg/L	1mg/L	20mg/L	6～9	5mg/L

澜沧江各级大坝建成后，根据云南省环境监测中心站的监测结果，水质并未发生大的变化，水质基本维持Ⅲ状态，在水库的不同位置，水质参数发生空间和时间变异，在Ⅱ～Ⅳ类之间波动。

本研究基于水质指标分析建立如表 4-6 所示的成本量化体系。

表 4-6 基于环境因子的生态成本量化

水库分区	主要水质参数				水环境质量			生态成本系数	生态成本
	总氮	氨氮	COD	溶解氧	建坝前	水环境功能区划	建坝后		
流水区		*		*	a_1	b_1	c_1	d_1	$(b_1/a_1+c_1/a_1)/d_1$
滞水区	*		*		a_2	b_2	c_2	d_2	$(b_2/a_2+c_2/a_2)/d_2$
混合区		*			a_3	b_3	c_3	d_3	$(b_3/a_3+c_3/a_3)/d_3$

二、基于水文因子的生态成本量化

由于水文事件是河道形态和河流生态系统变化最主要的驱动力，因此可以将生态需水用水文事件来表示。通过生态水文变化指数法计算河流生态需水。

适宜的生态流量格局应该包括如下几方面的内涵：纵向的连续性（联系上、中、下游的流量）、垂向的交换性（河川径流与地下水之间的交换）、横向的连续性（维持河岸带、洪泛平原和湿地生态系统的流量）、维持河道的基本流量、季节性高流量与最小流量及其适宜的持续时间和发生频率等。幅度、频率、时间以及变化率中的每一个因素的畸变都会引起生态系统的恶化，因此在生态用水中必须考虑全要素的水文律情，才能保证生态系统的健康发展。

水生态系统受全要素水文律情的影响，包括洪水、枯水、水文事件发生时间、持续时间、变化率的因素。要分析这些要全要素的水文律情因素，必须具有日径流水文数据。要分析这些水文律情的周期变化，必须有足够长的系列，这里利用 1939—1994 年的系列资料。利用主成分分析方法辨析逐日径流变化，分解长系列日径流资料，分析水文要素之间的相关关系，筛选主要水文指数。

水文变化指数主要通过月流量状况、极端水文现象的大小与历时、极端水文现象的出现时间、脉动流量的频率与历时、流量变化的出现频率与变化率五个方面描绘河流年内的流量变化特征。水文值的大小，如月流量中值可以定义生境的特征，如湿周、流速、栖息地面积等。极端水文事件的出现时间和历时与特定的生命过程需求是否得到满足有关，而其发生频率又与生物的繁殖或死亡有关，进而影响生物种群的动态变化。水文变量的变化率与生物承受变化的能力有关。水文要素与生态系统的响应关系见表4-7。

表4-7 水文要素与生态系统的响应关系

水文事件	水文参数	生态效应
月径流	月平均径流(12个参数)	水生物栖息地 土壤湿度(影响植物生长) 陆地动物需水 哺乳动物的食物和栖息地覆盖物 陆地动物捕食路线 水体的水温、含氧量和光合作用
极端水文事件的幅度和持续时间	年最小1日流量 年最小3日流量 年最小7日流量 年最小30日流量 年最小90日流量 年最大1日流量 年最大3日流量 年最大7日流量 年最大30日流量 年最大90日流量 断流天数 基流:年最小(平均)7天流量	竞争性、脆弱生物的平衡 为植物异地生长创造空间 生物和非生物对水生生态系统结构的影响 河道形态和物理栖息地的结构 植物缺水情况 动物脱水情况 植物厌氧情况 河流和洪泛平原之间的营养物质交换 水生环境中缺氧和化学污染的持续时间 植物群落在湖泊、水塘和洪泛平原的分布 产卵区的变化、高流量对废物的处置作用
极端水文事件的时间	年最小1日流量的水文年日期 年最大1日流量的水文年日期	生物生长周期 特殊生物繁殖期和掠夺行为 迁徙鱼类的产卵 生物的进化和行为
高流量和低流量事件的频率和持续时间	每个水文年的低流量事件次数 低流量事件的平均持续时间 每个水文年的高流量事件次数 高流量事件的平均持续时间	土壤受水分胁迫的频率和幅度 植物受厌氧胁迫的频率和持续时间 水生物的洪泛平原栖息地 河流和洪泛平原的物质和能量交换 土壤中矿物质的运移 鸟类哺育、栖息和繁殖的栖息地 泥沙输移、沉积物构成和河床扰动
水文情势变化率和变化频率	日平均增幅 日平均降幅 变化次数	植物受干旱的胁迫 岛屿和洪泛平原生物的诱捕 低移动性生物受干旱的胁迫

根据不同大坝调节方式对水文系统的可能影响以及不同状况的水体计算基因流。水文要素与水库调节方式的关系见表4-8。

表 4-8　水文要素与水库调节方式的关系

水文参数	水库调节方式						
	径流式	日调节	周调节	月调节	季调节	年调节	多年调节
月平均径流					*	*	*
年最小 1 日流量			*	*	*	*	*
年最小 3 日流量			*	*	*	*	*
年最小 7 日流量				*	*	*	*
年最小 30 日流量					*	*	*
年最小 90 日流量						*	*
年最大 1 日流量			*	*	*	*	*
年最大 3 日流量			*	*	*	*	*
年最大 7 日流量				*	*	*	*
年最大 30 日流量					*	*	*
年最大 90 日流量						*	*
断流天数			*	*	*	*	*
年最小(平均)7 天流量				*	*	*	*
年最小 1 日流量的水文年日期			*	*	*	*	*
年最大 1 日流量的水文年日期			*	*	*	*	*
每个水文年的低流量事件次数			*	*	*	*	*
低流量事件的平均持续时间			*	*	*	*	*
每个水文年的高流量事件次数			*	*	*	*	*
高流量事件的平均持续时间			*	*	*	*	*
日平均增幅			*	*	*	*	*
日平均降幅			*	*	*	*	*
变化次数		*	*	*	*	*	*

根据单位流量所携带的物种基因片段数量，在流量序列的基础上计算出基因流序列。将未受到或很少受到人类干扰，基本上处于自然状态下长期的基因流序列资料（>20 年）作为定义基因流量变化范围的基础。在对既定时间序列下的 32 个参数进行统计分析的基础上，通过分析参数中心趋势（如中值、均值等）和离散程度（如标准差或离差系数等），描绘河流基因流情势年际间的变化状况。将每一个基因流参数在受人类干扰前多年内出现频率最多的区间定义为干扰后相应参数恢复的目标范围。通常情况下，将均值标准差或 P33 和 P66（分别为统计值的第 33 百分位数和第 66 百分位数）定义为恢复目标的上下限。调整河流干扰后各基因流参数值，使其落入恢复目标范围的频率与干扰前落入该范围的频率相同。

人类干扰前后河流基因流变量的变化程度，可用基因流变化度 D 表示：

$$D=\left|\frac{N_0-N_e}{N_e}\right|\times 100\%$$

$$N_e=p\times N_r$$

式中，N_0 为受干扰后的基因流参数值落入目标范围的年数；N_e 为受干扰后基因流参数落入目标范围内年数的预测值；p 为干扰前基因流参数落入目标范围的年数的比例；N_r 为干扰后的总年数。将 D 值分为 3 个等级，即 0～33%为轻度变化（L）；33%～67%为中度变化（M）；67%～100%为重度变化（H）。

三、基于单一物种保护的生态成本量化

1. 澜沧江流域鱼类分布

据现有资料，《云南鱼类志》（1990）记载包括部分调查区段澜沧江云南段有鱼类 124 种，《西藏鱼类及其资源》（1995）记载含部分调查区段澜沧江西藏境内有鱼类 7 种，与云南段相同种 4 种。两地鱼类志共记录澜沧江西藏、云南段共有鱼类 127 种。检索世界鱼类数据库（FishBase）最近更新包括调查江段在内的澜沧江-湄公河流域共有鱼类 186 种。其中鲤形目 65 属 136 种，占种数的 73.1%；鲇形目同为 14 属 31 种，占种数的 16.7%；鲈形目 8 属 13 种，占种数的 7.0%；其余鳉形目 2 属 3 种，鲑形目、合鳃鱼目、鲀形目各为 1 属 1 种。科一级水平上，列前 3 位的依次是鲤科 51 属 96 种，占 51.6%；鳅科 10 属 32 种，占 17.2%；鮡科 5 属 17 种，占 9.1%。

有太湖新银鱼、青鱼、草鱼、翘嘴鲌、鳙、鲢、麦穗鱼、棒花鱼、刺鳍鳑鲏、高体鳑鲏、异齿裂腹鱼、拉萨裂腹鱼、拉萨裸裂尻、鲤、鲫、下口鲶（琵琶鱼）、食蚊鳉、莫桑比克罗非鱼、尼罗罗非鱼、线纹尖塘鳢子、陵吻虾虎鱼、褐吻虾虎鱼等 23 种外来种。其中太湖新银鱼、青鱼、草鱼、翘嘴鲌、鳙、鲢、鲤、鲫、莫桑比克罗非鱼、尼罗罗非鱼为引入种，异齿裂腹鱼、拉萨裂腹鱼、拉萨裸裂尻为上游昌都信众放生捕自林芝等地雅鲁藏布江鱼类所致，其余多为带入种。

中国动物红皮书的物种等级划分参照 1996 年版 IUCN 濒危物种红色名录，根据中国的国情，使用了野生灭绝（Ex）、绝迹（Et）、濒危（E）、易危（V）、稀有（R）和未定（I）等等级。澜沧江流域鱼类分布情况见表 4-9。相关鱼类分布图见图 4-5～图 4-11。

表 4-9　澜沧江流域鱼类分布情况表

河流	特有种	外来种	《中国濒危动物红皮书》濒危	《中国濒危动物红皮书》易危	《中国濒危动物红皮书》稀有种	《中国物种红色名录》濒危	《中国物种红色名录》易危种
扎曲	3	0	0	1	0	2	1
昂曲	2	0	0	1	0	2	1
昌都	3	3	0	1	0	4	1
如美	4	1	0	1	0	4	1
曲孜卡	4	0	0	0	0	3	0
云岭	4	0	0	0	0	3	0
巴迪	6	0	0	0	0	3	0
白济汛	6	0	0	0	0	3	0
营盘	5	0	0	0	0	2	0
旧州	7	2	0	0	0	1	0
小湾库尾	8	0	0	0	0	1	0
小湾库区	0	11	0	0	0	0	0
漫湾库尾	9	11	0	0	0	0	0
漫湾库区	9	14	0	0	0	0	0
大朝山库尾	6	11	0	0	0	0	0
大朝山库区	4	11	0	0	0	0	0
糯扎渡	10	9	0	1	0	0	1
景洪库区	13	9	0	1	1	0	2
橄榄坝	34	13	2	3	5	2	10
色曲	2	0	0	1	0	2	1
永春河	5	1	0	0	0	2	0
德庆河	7	0	0	0	0	2	0
沘 江	0	0	0	0	0	0	0
银江河	0	0	0	0	0	0	0
黑惠江	4	1	0	0	0	0	0
罗闸河	8	6	0	0	0	1	0
右支小黑江	0	5	0	0	0	0	0
左支小黑江	0	5	0	0	0	0	0
南班河	28	9	2	2	5	2	9
南阿河	3	7	0	0	0	0	1
南腊河	27	8	2	1	5	2	8
洱海	1	10	2	1	0	3	1

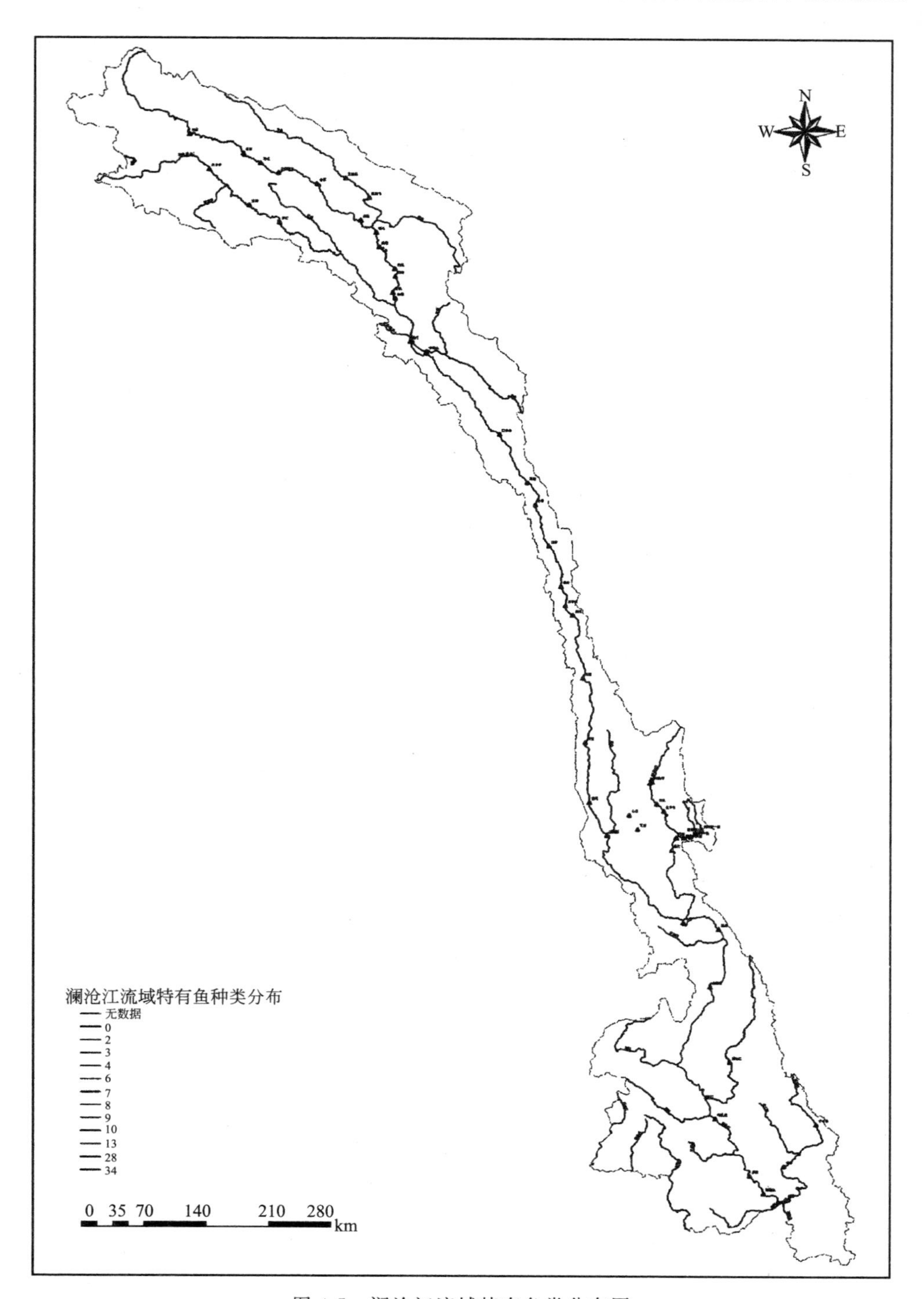

图 4-5　澜沧江流域特有鱼类分布图

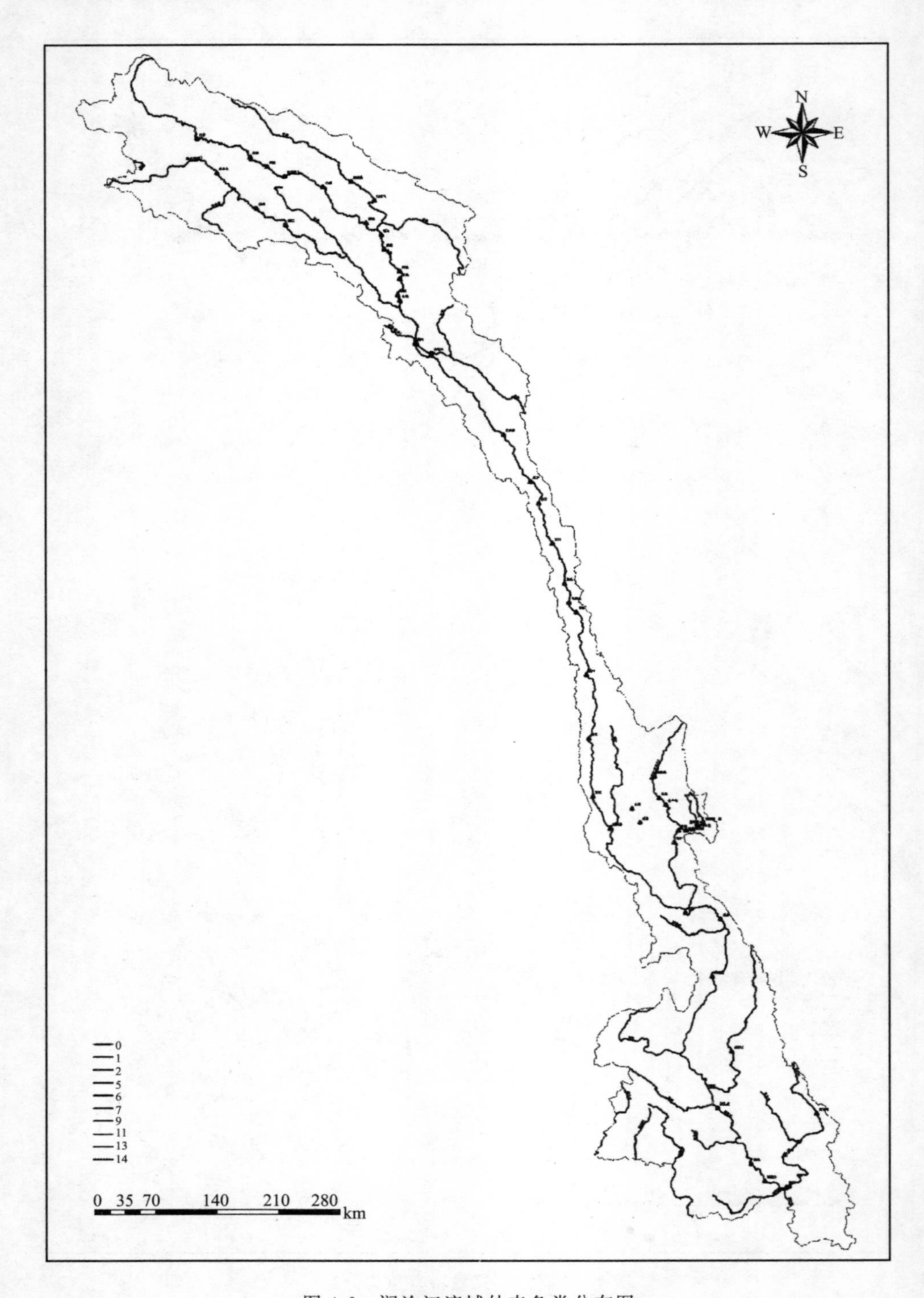

图 4-6 澜沧江流域外来鱼类分布图

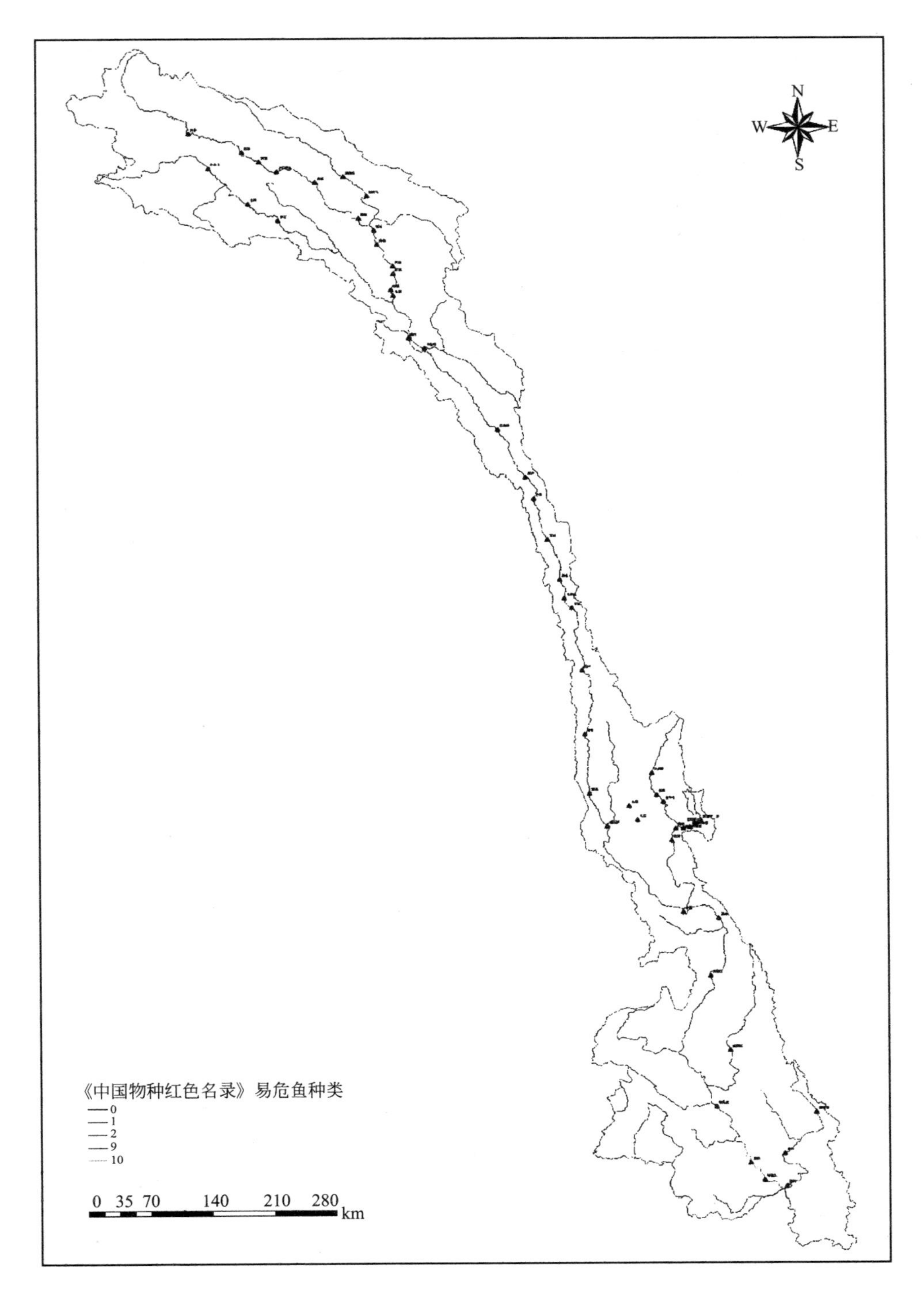

图 4-7 《中国物种红色名录》易危鱼种类分布图

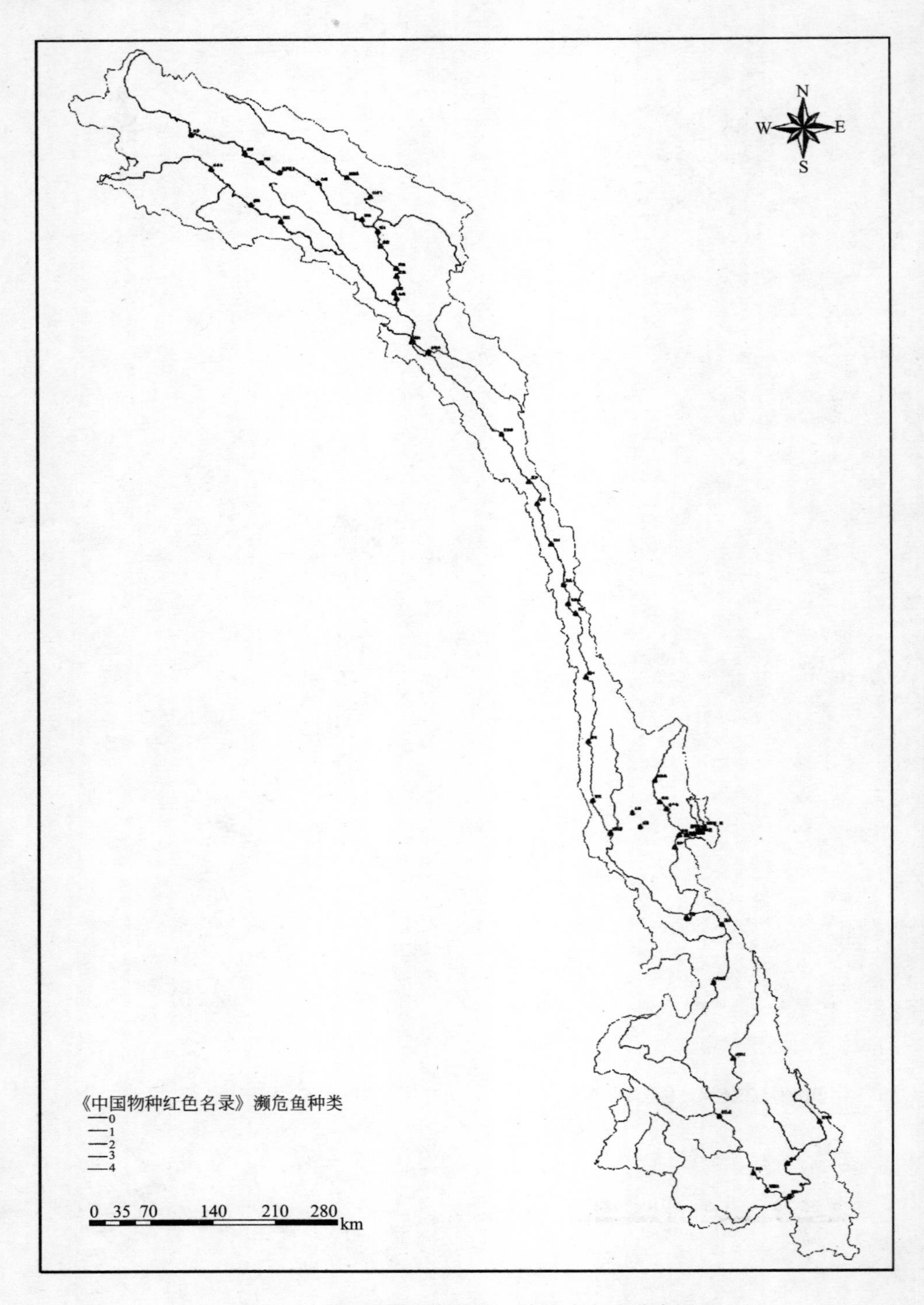

图 4-8 《中国物种红色名录》濒危鱼种类分布图

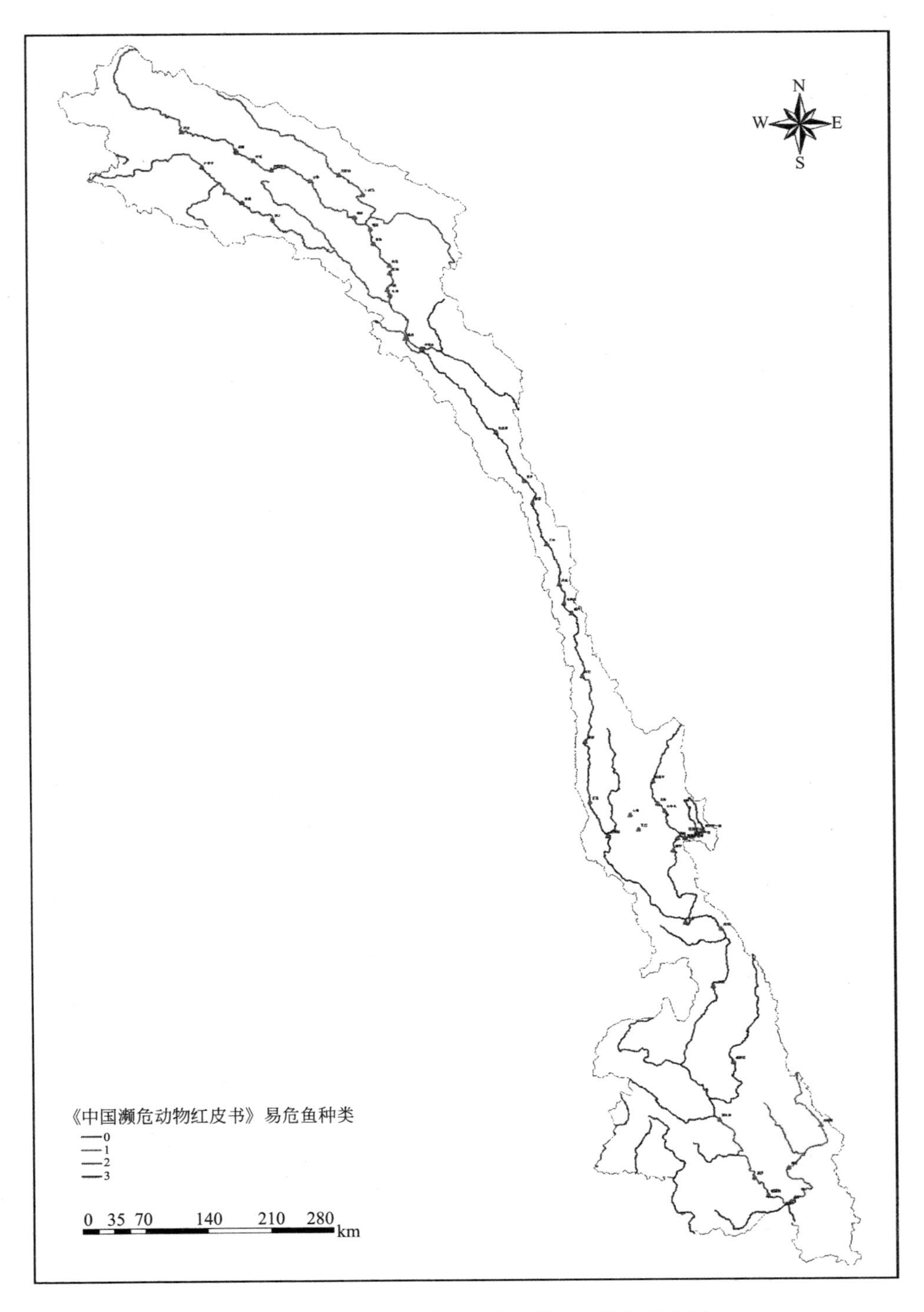

图 4-9 《中国濒危动物红皮书》易危鱼种类分布图

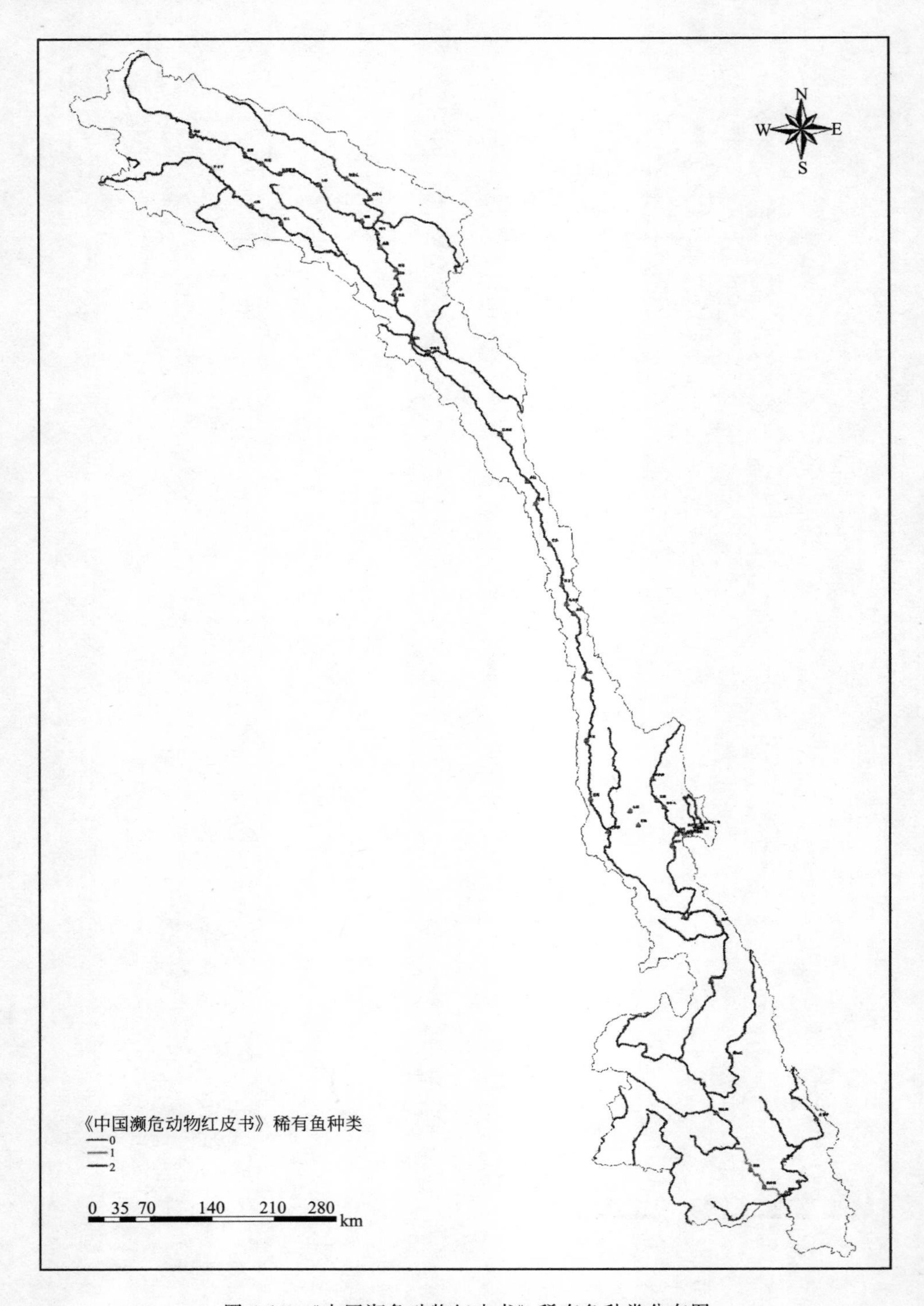

图 4-10 《中国濒危动物红皮书》稀有鱼种类分布图

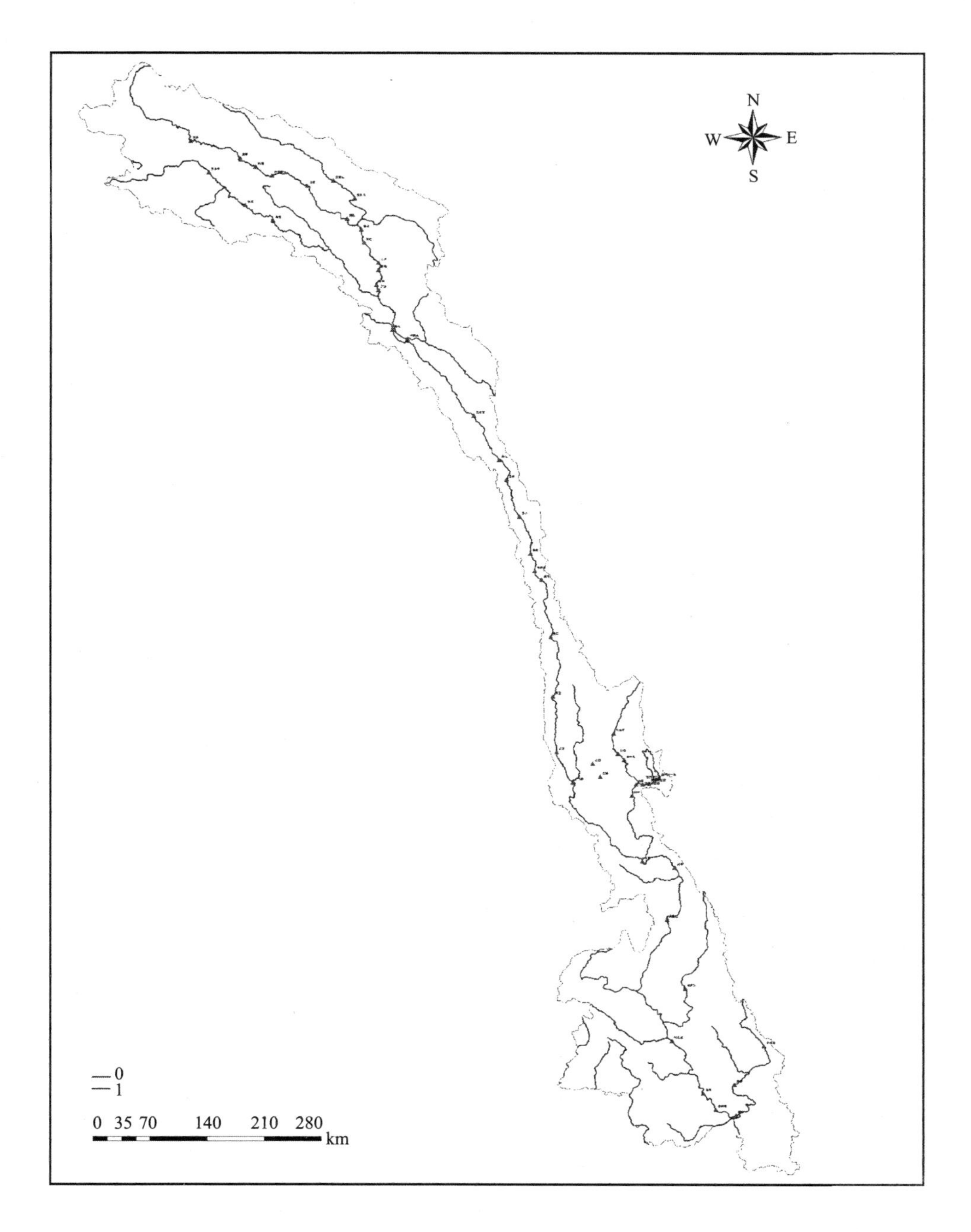

图 4-11　《中国濒危动物红皮书》濒危鱼种类分布图

2. 面向鱼类保护的生态成本量化

参考专题1鱼类生态敏感度评价标准，重点考虑澜沧江流域特有种或者外来种，以及《中国濒危动物红皮书》濒危、易危、稀有种和《中国物种红色名录》濒危、易危种。面向鱼类保护的生态成本量化矩阵见表4-10。

表4-10 面向鱼类保护的生态成本量化矩阵

中国濒危动物红皮书	生态成本贡献	中国物种红色名录	生态成本贡献	来源	生态成本贡献
濒危	3	濒危	3	特有种	1
濒危	3	濒危	3	外来种	－1
濒危	3	易危	2	特有种	1
濒危	3	易危	2	外来种	－1
易危	2	濒危	3	特有种	1
易危	2	濒危	3	外来种	－1
易危	2	易危	2	特有种	1
易危	2	易危	2	外来种	－1
稀有	1	濒危	3	特有种	1
稀有	1	濒危	3	外来种	－1
稀有	1	易危	2	特有种	1
稀有	1	易危	2	外来种	－1

进而根据计算结果对生态成本进行归一化处理，获得如图4-12所示的结果。补远江等支流具有高生态成本，具有高不可替代性，该流域内的水电开发生态成本较高，应严格控制水电开发规模。

四、基于生物群落保护的生态成本量化

浮游植物群落特征指标如Shannon-weaver多样性指数、密度和Pielou均匀度指数均呈现梯度变化规律（图4-13），大朝山库区的M8号样点为明显拐点，三个生物指标在大朝山库区的偏度和峰度绝对值均大于漫湾库区。漫湾库区和大朝山库区浮游植物群落特征见表4-11。

表4-11 漫湾库区和大朝山库区浮游植物群落特征

项目	漫湾水库				大朝山水库			
	均值	标准差	偏度	峰度	均值	标准差	偏度	峰度
Shannon-weaver 指数	2.078	0.160	－0.023	－1.019	1.973	0.488	－0.342	－0.926
Pielou 均匀度	0.675	0.030	－0.145	0.048	0.649	0.110	0.344	0.296
物种数	21.944	3.226	－0.346	－0.407	21.583	6.971	－0.537	－1.233

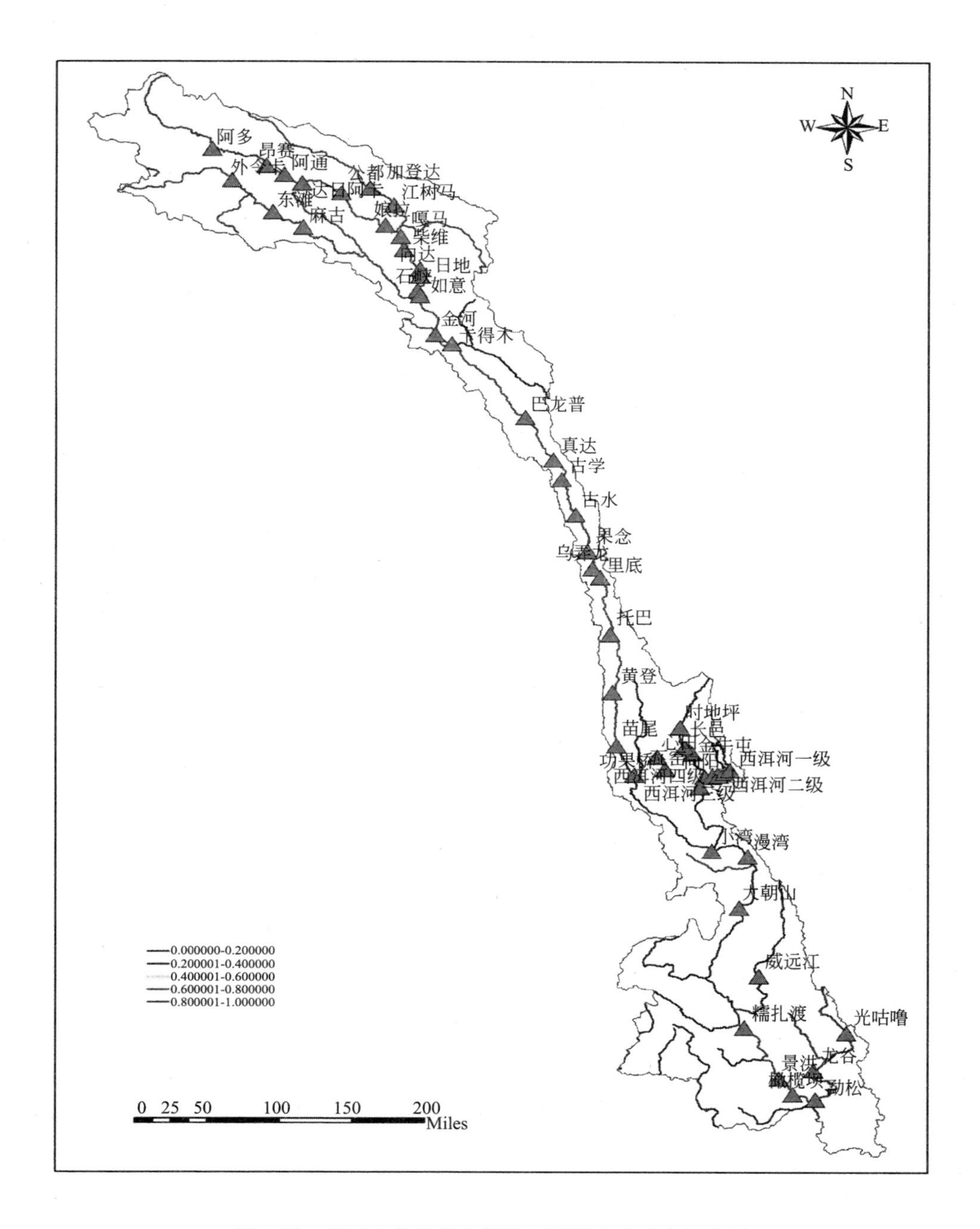

图 4-12 基于鱼类保护的澜沧江流域生态成本量化图

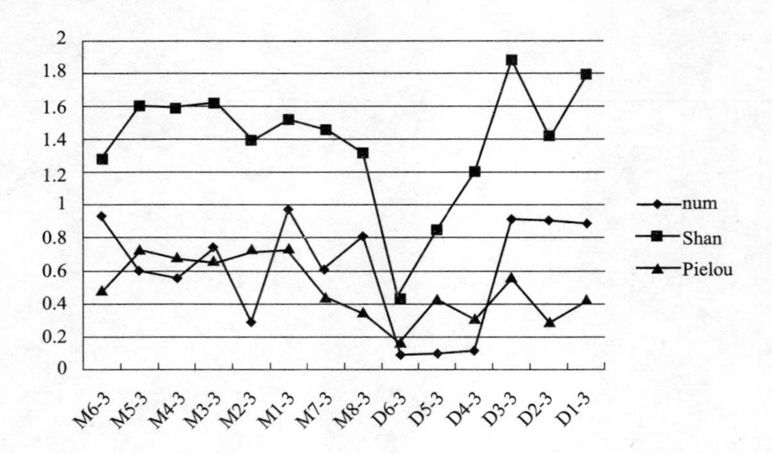

图 4-13 浮游植物种密度（num）、Shannon-weaver 多样性指数（Shan）及 Pielou 均匀度指数沿水库梯度变化规律

以雨季和旱季各季节中所测流量与浮游植物群落特征指标为基础数据，本书利用回归分析方法，建立了浮游植物数量、生物量与流量之间的回归方程，回归方程的相关系数达到 0.78，呈明显正相关关系。回归方程单方差分析见表 4-12。

表 4-12 回归方程单方差分析

Anova②

模型		平方和	d_f	均方	F	Sig.
1	回归	0.78	2	0.139	5.456	0.003①
	残差	0.026	1	0.026		
	总计	0.304	3			

① 预测变量：（常量），num，phyto。

② 因变量：V。

注：num 为浮游植物的数量（个/L），phyto 为浮游植物的种类数（种）。

采用 SPSS 自动完成模型参数估值，Sig$f$ 表示 F 检验值的实际显著性水平，表示的是对因变量与所有自变量之间的函数是否显著的一种假设检验。由单方差分析结果可以看出，浮游植物种类和数量与流量显著相关，由表 4-13 可以得出回归方程，为 $y=10.261-0.369x-1.402z$（$r^2=0.78$），其中 y 为流速，x 为种类数，z 为浮游植物密度。

① 澜沧江的浮游植物生物量分布主要受河流的水动力（流速）因素影响，而营养盐的浓度只是水体富营养化的必要因素。事实上，世界上许多大河的水文条件尤其是水动力条件对生物量起决定作用。

表 4-13　回归分析

系数[①]

模型		非标准化系数		标准系数 V 试用版	t	Sig.
		B	标准误差			
1	（常量）	10.261	3.24		3.166	0.195
	phyto4	−0.369	0.124	−3.59	−2.982	0.206
	num4	−1.402	0	−3.896	−3.236	0.191

① 因变量：V、B 为回归系数。

② 澜沧江小湾大坝坝尾至大朝山坝前，途经漫湾大坝的过程中，对河流响应为最敏感的物种有 *Hydrari*，*Argonoth*，*bosmmaf*，*Philodin*，*Bosiminal Polvarth*，*Keratell Simoceph* 和 *Ploesoma*，这些物种普遍存在于澜沧江的各个季节，但在空间分布上的差距却很大，这从侧面验证了大坝使得河流流速在库区出现阶梯性变化，澜沧江上梯级水坝建设使得这种变化更复杂。

③ 大朝山库区浮游植物多样性指数和 Pielou 均匀度指数在靠近漫湾下游地区时出现突变，漫湾水坝下泄水量对其产生影响，回归分析显示 $y=10.261-0.369x-1.402z$，其中 y 为流速，x 为种类数，z 为浮游生物密度。

漫湾库区和大朝山库区均以喜静水的物种为主，这种分布规律使得坝尾浮游动物的种类和数量都明显逊于坝中和坝尾，这与 Domingues 等的结果类似。但从图 4-14 可以看出，M8 号样点为明显拐点，D8 和 D6 点位于漫湾下游泄水与大朝山坝尾相接的区域，受两个水库调度的综合影响。

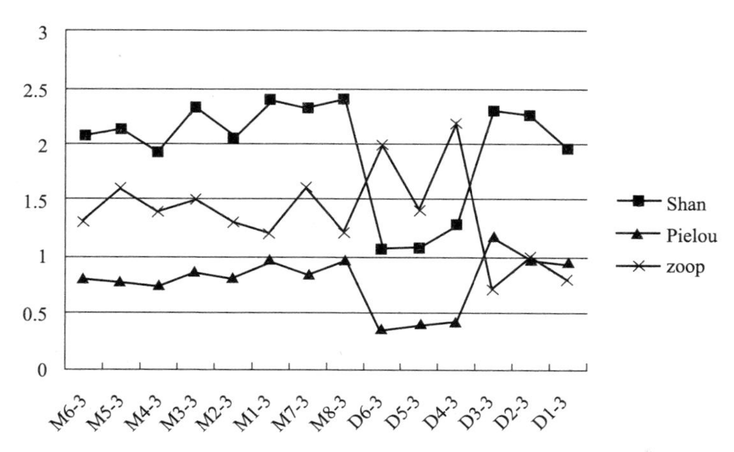

图 4-14　浮游动物种数（zoop）、Shannon-weaver 多样性指数（Shan）及 Pielou 均匀度指数沿水库梯度变化规律

① 梯级大坝对浮游动物群落结构的影响表现在上游水库泄水会降低下游水

库的浮游动物多样性指数，但沿水库梯度，上游大坝对下游库区浮游动物群落结构的影响逐渐降低。

② 通过相关分析和冗余分析可以得出，影响浮游动物种类的主要环境因子为氨氮、COD和电导率。

③ 浮游动物种类和数量在季节上的变化也很明显，但从冗余分析的结果得知，影响浮游动物的种类和数量的主要环境因子为铵态氮。这一结果可以理解为澜沧江的水质还原性较强，水体有富营养化趋势。

这里选择Shannon-weaver指数、Pielou均匀度、物种数作为面向生物群落保护的生态成本量化参数，根据其背景值、建坝后数值并根据后续部分利用食物网计算出来的各项指数的重要性确定其贡献，进而计算其生态成本（表4-14）。

表4-14　面向生物群落保护的生态成本量化

生物群落指数	背景值	扰动值	扰动因子	生态成本贡献	生态成本
Shannon-weaver指数	a_1	a_2	$(a_2-a_1)/a_1$	d_1	$(a_2-a_1)/a_1^* d_1$
Pielou均匀度	b_1	b_2	$(b_2-b_1)/b_2$	d_2	$+(b_2-b_1)/b_2^* d_2$
物种数	c_1	c_2	$(c_2-c_1)/c_3$	d_3	$+(c_2-c_1)/c_3^* d_3$

五、基于生态系统保护的生态成本量化

从热量水平的分布来看，从北到南，澜沧江流域的植被分属于两个植被区域——亚热带常绿阔叶林区域和热带季雨林、雨林区域。在亚热带常绿阔叶林区域中，受水条件的限制，澜沧江流域的植被又属于西部半湿润常绿阔叶林亚区域，在西部半湿润常绿阔叶林亚区域中，受热量条件和地形条件的差异，又分为三个植被带，即中亚热带常绿阔叶林地带、南亚热带季风常绿阔叶林地带和亚热带寒温针叶林地带。在热带季雨林、雨林区域中，同样受水分条件的限制，澜沧江流域的热带植被属于西部偏干性热带季雨林、雨林亚区域中的北热带季节雨林、半常绿季雨林地带。这里以水电开发造成的植被健康指数的变化量化生态成本。

1. 陆生植被健康指数

NOAA/6装载AVHRR。通道1（CH1）可见光波段（VIS），波长0.58～0.68μm，典型的正常植被在CH1具有强吸收特点，由通道1探测的地面植被反射率非常低；通道2（CH2）近红外波段（NIR），波长0.725～1.1μm，正常植被在CH2具有强反射特点，通道2对地面植被的响应非常强；通道4（CH4）热红外波段（TIR），波长10.3～11.3μm，可用查找表转换为亮度温度（BT）。通道1、2合成的植被指数反映了植被的生长状况，在已研究发展的40多个植被

指数中应用最广的是归一化植被指数（NDVI)。NDVI 的计算公式是

$$NDVI=(CH2-CH1)/(CH2+CH1)$$

为了消除部分云和大气的干扰，用最大值合成法，每个像元取该像元每 7 天的最大值，生成 7 天合成的 AVHR/NDVI 数据，并对 NDVI 和 BT 数据进行滤波处理消除高频噪声。本研究所用数据来自 NASA 地球观测系统数据与信息中心（EOSD IS）Global Vegetation Index 数据集。

气候和生态系统不同地区的 NDVI 和 BT 值不具有可比性，气候和管理措施较好的地区，生物量和产量较高，不能与生产潜力低的地区进行比较。为此 Kogan（1995）提出用各地区每周的植被状态指数 VCI、温度状态指数 TCI 和 VCI、TCI 的合成值 VHI 来表征环境因子对植被的影响。

植被状态指数 VCI 反映水分对植被影响的程度，定义为

$$VCI=(NDVI-NDVI_{min})/(NDVI_{max}-NDVI)\times 100$$

温度状态指数 TCI 反映温度对植被影响的程度，定义为

$$TCI=(BT_{max}-BT)/(BT_{max}-BT_{min})\times 100$$

植被生长状态指数 VHI 反映温度和水分条件联合作用下对植被影响的程度，定义为

$$VHI=a\,VCI+(1-a)TCI$$

式中，a 为控制 VCI 和 TCI 对 VHI 影响程度的调节系数。

本研究通过分析大坝建成前后或者不同运行方式下植被健康指数 VHI 的变化，确定区域本底以及扰动范围和程度，进而建立面向植被健康保护的生态成本量化方法。

2. 面向陆生植被保护的生态成本量化

本研究基于植被健康指数 VHI 以及重要陆生栖息地进行生态成本量化。成本量化参考植被健康指数和区域不可替代性两项指标。相关分析图见图 4-15～图 4-18。

表 4-15　面向植被保护的生态成本量化指标

项目		植被健康指数级别				
		1(80～100)	2(60～80)	3(40～60)	4(20～40)	5(0～20)
区域替代指数	1	1	2	3	4	5
	2	2	4	6	8	10
	3	3	6	9	12	15
	4	4	8	12	16	20
	5	5	10	15	20	25

区域替代指数（表 4-15）表示区域植被类型的特有性，1、2、3、4、5 分别代表 100km、50km、20km、10km、1km 之内具有独特性的植被类型。

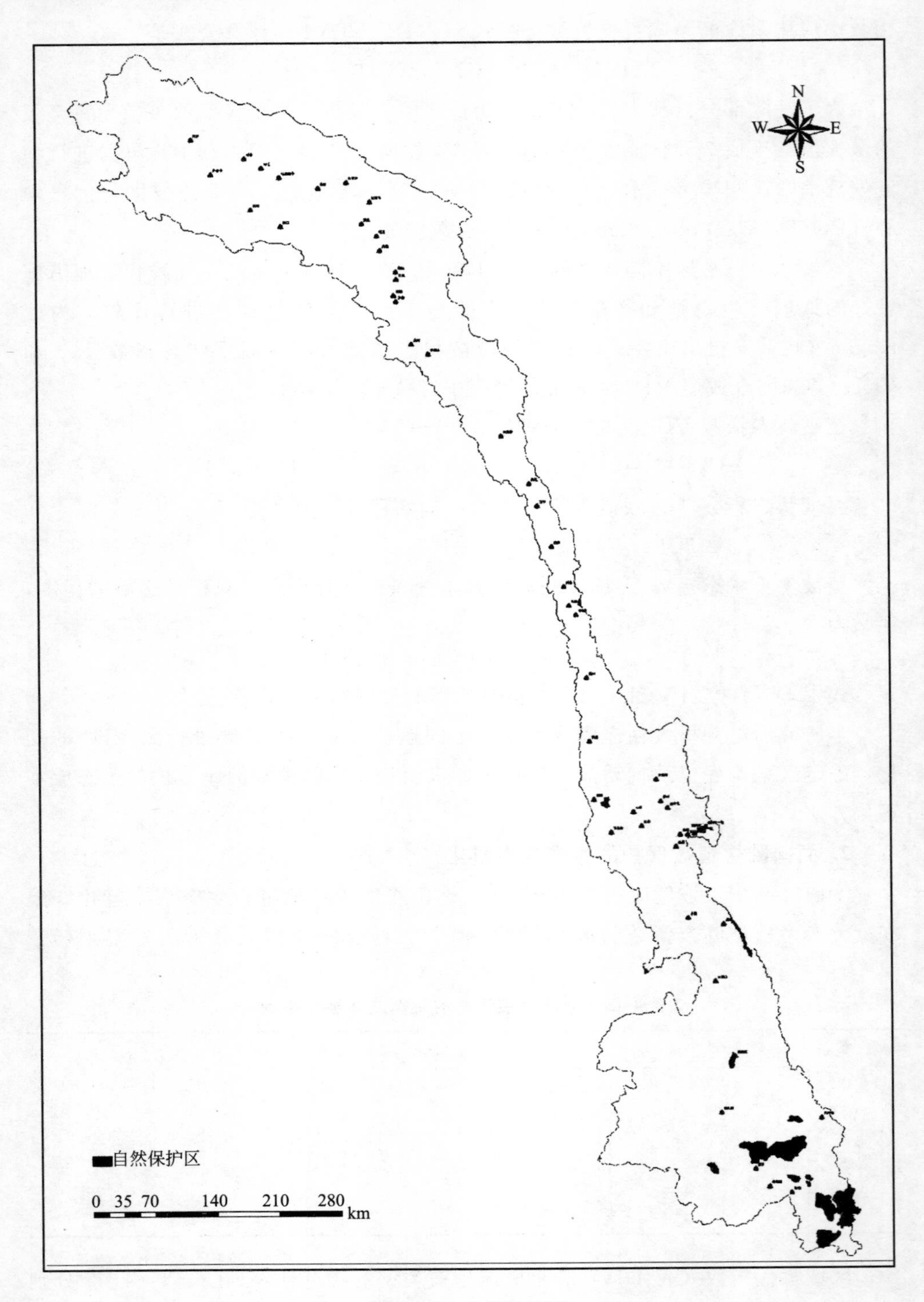

图 4-15　自然保护区

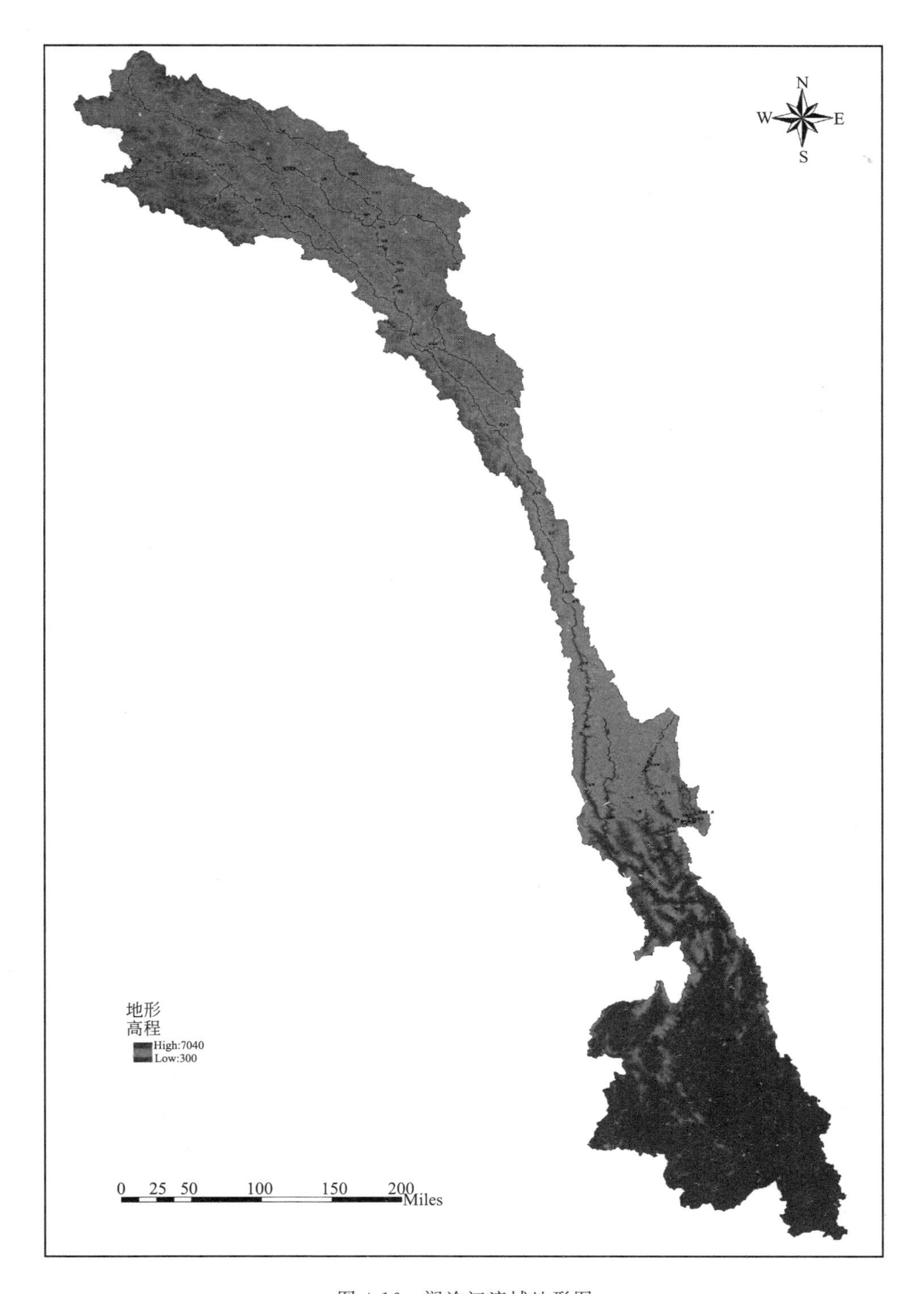

图 4-16　澜沧江流域地形图

图 4-17　澜沧江流域土壤类型图

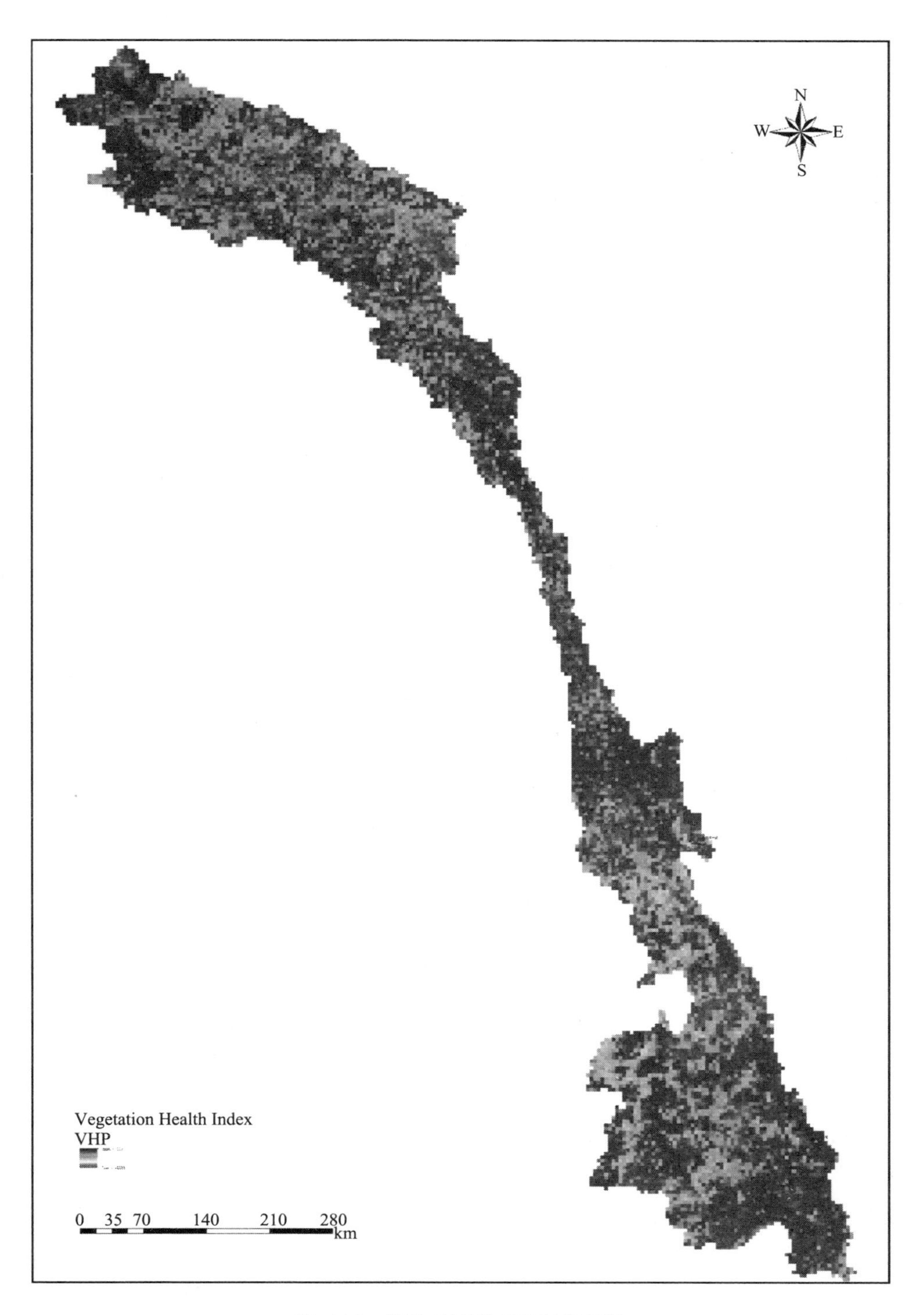

图 4-18　澜沧江流域植被健康指数

六、基于系统整体的生态成本量化

水电建设项目建设和运行中的投入包括自然资源以及大量的人力、物力和财力，其产出不仅包括供水、发电、航运等经济效益，还包括防洪 、治涝、水土保持等社会效益和生态环境效益。也就是说，水电建设项目的投入和产出从形式上都可以归结为产品、资源和服务等，但从来源上讲可以分为两类：一类由自然环境系统提供，另一类来源于社会经济系统。但是，货币是社会经济系统的产物，其流通不经过自然环境系统，因而并不反映自然界的本质和规律，只是一种衡量经济活动中人的作用与贡献的工具，无法反映自然环境资源的自然属性，也就不能准确衡量自然环境资源的真实价值和作用与贡献。因此，这种货币成本效益分析方法并不考虑自然环境资源在项目建设和运行过程中是否真正产生财富利益，使得自然环境资源与经济发展的密切关系脱离，不能很好地衡量项目投入和产出的真实价值，只能根据过去相似的发展经验来判断项目的投入和产出。能治理论解决了传统经济学在自然资源与环境价值及其效应计量方面的问题，它以能值为基准，把不同种类、不可比较的能量转换成统一标准来进行比较，实现了自然因素和经济因素的对接，能对自然环境资源的价值进行合理的定量评价，更精确地研究自然环境系统和社会经济系统中各种生态流及其对社会经济发展的贡献，被誉为连接生态学和经济学的桥梁。

1. 能值理论和方法介绍

能值理论和能值分析（Emergy Analysis，EA）方法是由著名的生态学家、被号称“生态系统之父”的克莱福奖得主奥杜穆（H. T. Odum）为首创立的。奥杜穆经过长期的研究，将系统生态学、生态工程学和生态经济学的原理综合起来，在 20 世纪 80 年代末到 90 年代创立了“能值”理论，以及太阳能转换率等系列概念，在这个基础上创立了能量理论和分析方法。后来他在对国际能值分析研究成果做进一步总结和研究的基础上，于 1996 年出版了世界上第一部专著《环境核算：能值与环境决策》（Environmental Accounting：Emergy and Environmental Decision Making）。H. T. Odum 给能值下的定义为：一种储存或者流动的能量所包含另一种类别能量的数量，就是该能量的能值。在实际研究和应用中，人们常用太阳能值来衡量其他能量的能值。能值分析是将能值作为统一的量纲，将系统内外所流动和储存的不同级别和类别的能量或物质用能值转换率转换成统一的能值标准，从而可以将自然环境系统和人类社会经济系统统一起来，进行定量分析和研究。能值分析概念和理论的出现解决了人们一直很难将能流、物流、货币流与信息流四种流量综合和互换的难题，将生态学和经济学有机地融合起来，为人类进一步认识世界提供了一个重要的度量工具。

能值分析理论涉及的主要概念包括能值、能值转换率、能值/货币比率、能值-货币价值，现分别介绍如下。

（1）能值　能值（emergy）的概念不同于能量（energy），H. T. Odum（1987）给能值下的定义为：一种流动或储存的能量所包含另一种类别能量的数量，就是该能量的能值。他还进一步解释说，一种产品或劳务在形成的过程中直接或间接投入使用的一种有效能（available energy）总量，就是其所具有的能值。从其解释中我们可以看出能值就是一种包被能（embodied energy）。由于地球上的任何能量均始于太阳能（solar energy），所以在实际应用中，以太阳能值（solar energy）为标准，其单位为太阳能焦耳（solar energy joules，sej），衡量其他任何类别的能量，所以，任何流动或储存的能量所包含的太阳能之量，就是这个能量的太阳能值。以能值为基准，可以把不同类别、不可比较的能量转换成可进行比较的同一标准——能值，从而可以衡量和比较不同类别、不同等级的能量的真实价值。该能值观念可以让我们以同种能量类别（太阳能）单位，去衡量和比较统一系统中流动或储存的不同种类的能量以及在其中的贡献。

（2）能值转换率　能值转换率（emergy transformity），即某单位物质（g）或能量（J）所含的能值之量，实际使用的太阳能值转换率（solar transformity）就是单位能量或物质所包含的太阳能之量，其单位为太阳能焦耳/焦耳（或 g），即 sej/J 或者 sej/g。用公式可以表达为：

$$\tau=\frac{EM}{B}$$

式中，τ 表示物质或能量的太阳能值转换率，sej/J 或者 sej/g；EM 表示物质或能量所蕴含的能值，sej；B 代表能量或物质的量，J 或 g。

能治转换率是从生态系统食物链和热力学原理引申出来的重要概念。它是衡量不同类别能量的能质（energy quality）的尺度，与系统的能量等级密切相关。生态系统是一种自组织（self-organization）的能量等级（energy hierarchy）系统。根据热力学第二定律，能量在食物链中传递、转化的每一个过程中，均有许多能量耗散流失，因此，随着能量从低等级的太阳能转化为较高质量的绿色植物的潜能，再传递、转化为更高质量、更为密集的各级消费者的能量，能量数量的递减伴随着能质和能级的增加，能值转换率越高，表明该种能量的能质和能级越高，能值转换率是衡量能量等级的尺度。

（3）能值/货币比率　能值/货币比率（emergy/money ratio）是一个国家单位货币（通常换成美元）相当的能值量，即能值与货币的比率，它等于该国或该地区全年能值投入总量除以当年货币循环量（国民生产总值 GNP），其单位为 sej/＄。一个国家或地区的总能值不仅包括可更新的环境资源（如太阳光、空气、雨水等）、不可更新的资源（如煤、天然气、矿藏、土壤等），还包括输入本地区的资源、货物和劳务等。一般来说，经济欠发达国家或地区由于投入的自然资源多，其没有资金或很少自己购买他国或地区的产品或者服务，而同时其国民生产总值也较低，因而其能值/货币比率也较高。而发达国家或地区货币回笼速度快，从外部购买大量的资源并且其 GNP 基数大，所以发达国家或地区具有较低的能值/货币比率。由于发展中国家和发达国家的能值/货币比率不一样，在国家贸易中，发展中国家处于不平等的地位。

（4）能值-货币价值　能值货币价值（emergy-money value，Em＄）是指与能值相当的市场货币价值，即某种资源或者产品的能值相当于多少货币，也就是能值相当于多少货币。能值-货币价值又称为宏观经济价值，其等于某种资源或者产品或者服务的能值除以该国或该地区的能值/货币比率，其值越大，表明其对经济的贡献率也越大。

2. 系统能量网络图和能值分析表的编制

数据资料是进行能值分析的基础，要明确研究对象，通过不同渠道收集关于研究对象的相关数据资料，包括自然生态环境、经济、社会等各方面资料，例如研究对象的气象资料、地理图册、贸易往来、经济生产、统计年鉴等。其中具体包括各种关于可更新资源和不可更新资源的资料，如平均海拔、平均降雨量以及平均风能等环境资源数据，还有人口状况、水土流失与土地利用情况及各种经济活动指标等。所收集的资料可以按照能物流、货币流与人口流进行分类，其中能物流是由可更新资源和不可更新资源（产品）构成的。将收集到的数据资料分类整理，存入计算机，为进行能值测度做好准备工作。本研究的数据主要来源于《2012 年怒江傈僳族自治州年鉴》，能值计算公式、能量折算系数和能值转换率参见参考文献。

怒江傈僳族自治州的基本情况如下。

① 自然资源。怒江傈僳族自治州位于云南西北部，地处东经 98°99′～99°39′，北纬 25°33′～28°23′之间。东连迪庆藏族自治州、大理白族自治州、丽江地区，西邻缅甸，南接保山地区，北靠西藏自治区察隅县，境内国境线长 449.467km。全州南北最大纵距 320.4km，东西最大横距 153km，总面积 14703km^2。州府泸水县六库镇，距昆明 614km。境内除兰坪县的通甸、金顶有少量较为平坦的山间槽地和江河冲积滩地外，多为高山陡坡，可耕地面积少，垦殖系数不足 4%。耕地沿山坡垂直分布，76.6%的耕地坡度均在 25 度以上，可

耕地中高山地占28.9%，山区半山区地占63.5%，河谷地占7.6%。

怒江州下辖泸水县、福贡县、贡山独龙族怒族自治县和兰坪白族普米族自治县，共4县21个乡8个镇。所辖4县均为国家级贫困县，全州总人口共46.6万人，少数民族人口共43万，占全州总人口的92.3%，其中以傈僳族为主体民族，占全州总人口的51%，其他民族还有白、怒、独龙、普米、汉、彝、纳西、藏、傣、回、景颇11种。

怒江州境内从东到西有澜沧江、怒江、独龙江三条国际河流，有云岭、碧罗雪山、高黎贡山和担当力卡山四条南北走向的巨大山脉。巍峨高耸的山脉和奔腾湍急的河流，构成了“四山夹三江”的险峻地貌特征。怒江州地处低纬度与高差相结合的高山峡谷地区，山地海拔高度一般在2000m以上，从而使州内气候、生物等自然环境和资源呈现出明显的垂直分布规律。在季风、地势、地形等因素影响下，致使全州境内跨越了南亚热带、中亚热带、北亚热带、暖温带、中温带、寒温带、高山苔原带7个气候带，造就了全州复杂多样的自然环境，使怒江州成为具有较大发展潜力的一块宝地。由于怒江州的特殊地形、地貌特征，使怒江州的水资源、矿产资源、动植物资源等都极为丰富。

② 社会经济。从社会经济形态看，怒江州呈现出明显的社会发育程度低、生产力发展水平低、物质技术基础低、人口科学文化素质低、人民生活水平低、劳动产品商品率低、社会保障能力低、经营管理水平低、产品科技含量低、经济效益低、自然经济成分高、贫困人口比重高、文盲半文盲人口比例高、亏损企业比重高、农村人口比例高，不通公路及缺医缺电的人口比例高的“十低六高”特征，表现出典型的社会发展的低层次特点。2011年怒江州人均国内生产总值（GDP）为12096.2元，比云南省人均国内生产总值（GDP）18987.48元低6891.28元，仅为云南省平均水平的63.7%。

根据怒江州生态经济系统的基本结构和主要能源、物质、信息等生态经济流情况，构建怒江州生态经济系统能量网络（图4-19），以了解怒江州生态经济系统的基本结构、主要生态经济流的方向及相互间的关系及经济社会生产和生态环境间的关系。本研究将怒江州生态经济系统的能值分析分为可更新环境资源、可更新资源产品、不可更新环境资源、货币流、进口和出口。可更新环境资源包括太阳能、雨水化学势能、雨水势能、风能、地球旋转能和河水势能。不可更新环境资源包括表土流失能、火力发电量、铜等。将能量产出划分为粮食产业、畜牧业、林业和渔业。

能值分析表的表头主要包括项目栏、原始数据栏、能值转换率栏及太阳能值栏。首先，依据能源结构的不同，列出研究系统主要能量来源（资源类别）项

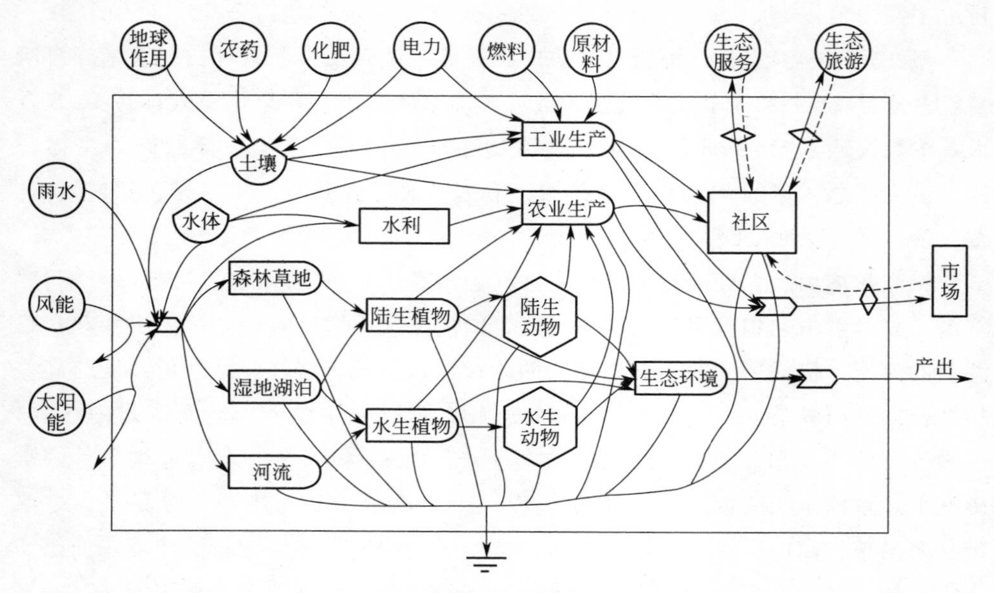

图 4-19　怒江州生态经济系统能量网络图

目，具体包括自有可更新资源（如太阳能、雨水化学能、风能、雨水势能、地球循环能）、不可更新资源（如原油、煤、天然气、钢材、土地流失、净表土流失）、进出口能流（如商品、劳务）等，其中能值小于系统总能值的项目可不列入。然后，根据能量计算公式，计算各种资源类别的能量流数值，即表中的原始数据，其中能量流可分类为能物流、货币流和废物流。最后，将各种能量换算为统一的能值，这里需要通过各种资源相对应的能值转换率将不同的能量单位转换为统一度量的能值单位，进而了解各类能量流在生态经济系统中的具体贡献程度。

（1）怒江州生态经济系统能值流量指标的估算　能量流的计算是能值测度的基础，其具体可分类为能物流、货币流及废弃流的能量，其中能物流主要包括可更新资源和不可更新资源两类。计算能量的方法有两种，其中可更新资源的能量主要是通过可更新资源能量计算公式得到。

可更新资源投入能值的计算公式如下。

太阳光能＝系统土地面积×太阳年平均辐射量

风能＝系统面积×平均海拔×空气层平均高度×空气密度×涡流扩散系数×风速梯度变化率

雨水势能＝系统面积×平均海拔×平均降雨量×水密度×重力加速度

雨水化学能＝系统面积×平均降雨量×雨水吉布斯自由能×密度

地球循环能＝系统面积×热通量

不可更新资源投入能值的计算公式如下。

表土流失能＝耕地面积×侵蚀率×流失土壤中有机质含量×有机质能量

河水势能＝河流流量×海拔差×水密度×重力加速度

不可更新工业辅助能值、可更新有机能值以及各种产出物质能值计算公式为：

某种资源的能值＝实物量×能量折算系数×能值转换率

由此，通过能量计算公式与能量折算系数，将所搜集的怒江州自然资源与社会经济状况的基础实际数据转换成为以焦耳为单位的能量值，获得怒江州生态经济系统能量流数值。具体能量流估算结果见表4-16中的原始数据栏，其中货币流与部分能物流（如铜、水泥等）不需要进行能量的计算，可将实际数据（以美元、吨为单位）直接作为原始数据。

（2）怒江州生态经济系统能值流量测算　在表4-16原始数据栏的基础上，通过各种能量的能值转换率的转换，可以计算得到怒江州生态经济系统年的各项太阳能值，具体公式为：太阳能值＝原始数据（能量值）×能值转换率。

表4-16　2011年怒江州生态经济系统能值流量

项目	原始数据	太阳能值转换率/(sej/unit)	太阳能值/sej
1 可更新资源			
1.1 太阳能	7.72×10^{19} J	1.00	7.72×10^{19}
1.2 雨水化学能	1.33×10^{17} J	1.54×10^{4}	2.05×10^{21}
1.3 雨水势能	7.76×10^{17} J	8.89×10^{3}	6.90×10^{21}
1.4 风能	2.90×10^{19} J	6.23×10^{2}	1.81×10^{22}
1.5 地球旋转能	4.41×10^{16} J	2.90×10^{4}	1.28×10^{21}
1.6 河水势能	7.29×10^{17} J	3.96×10^{4}	2.89×10^{22}
合计			5.73×10^{22}
2 可更新资源产品			
2.1 粮食产业	2.82×10^{15} J	2.00×10^{5}	5.63×10^{20}
2.2 畜牧业	6.22×10^{14} J	2.00×10^{6}	1.24×10^{21}
2.3 渔业	1.02×10^{13} J	2.00×10^{6}	2.04×10^{19}
2.4 木材	1.47×10^{14} J	3.49×10^{4}	5.12×10^{18}
合计			1.83×10^{21}
3 不可更新资源			
3.1 表土净损失	1.57×10^{5} J	6.25×10^{4}	9.80×10^{9}
3.2 火力发电量	2.35×10^{16} J	1.59×10^{5}	3.73×10^{21}
3.3 铜	2.31×10^{9} t	1.80×10^{9}	4.16×10^{18}
3.4 铅	1.06×10^{10} t	1.60×10^{10}	1.69×10^{20}
3.5 锌	1.27×10^{11} t	1.80×10^{9}	2.29×10^{20}
3.6 水泥	1.58×10^{5} t	1.98×10^{15}	3.13×10^{20}
合计			4.45×10^{21}

续表

项目	原始数据	太阳能值转换率/(sej/unit)	太阳能值/sej
4 货币流			
GDP	1.05×10^{9} 美元	8.67×10^{12}	9.10×10^{21}
5 进口			
5.1 商品	2.11×10^{7} 美元	2.50×10^{12}	5.28×10^{19}
5.2 旅游收入	1.62×10^{8} 美元	2.50×10^{12}	4.05×10^{20}
合计			4.58×10^{20}
6 出口			
商品	4.47×10^{7} 美元	8.67×10^{12}	3.87×10^{20}

注：由于能值理论尚处在发展改善阶段及收集整理数据的不甚完备，致使能值计算结果只是趋近于真实值，并非十分精确，但整体上不会对评价生态经济系统的运行特征与发展趋势造成影响。

3. 怒江州生态经济系统能值计算

依据能值分析理论，生态经济系统可视为自然-经济-社会这三类子系统有机构成的典型复合经济系统，其中自然子系统的特征是以环境结构和生物结构为主线，经济子系统的特征是以资源利用为核心，社会子系统的特征是以人口为核心。能值指标体系的构建是能值分析方法进行测算与分析的核心，通过对能值指标体系的分析能够揭示生态经济系统运行发展的状况与问题。

表 4-17 中的能值指标就是根据表 4-16 所提供的能值数据，依据表 4-17 中第二栏的表达式计算而得。

表 4-17　怒江州生态经济系统能值指标

项目名称	表达式	数值
可更新资源能值	R	5.73×10^{22} sej
不可更新资源能值	N	4.45×10^{21} sej
输入能值	I	4.58×10^{20} sej
总能值用量	$U=R+N+I$	6.22×10^{22} sej
输出能值量	O	3.87×10^{20} sej
能值密度	U/面积	4.23×10^{12} sej/m^2
人均能值用量	U/人口	1.16×10^{17} sej/人
环境负载率	$ELR=(N+I)/R$	8.57%

从宏观的生态经济能量学角度考虑，用人均能值利用量来衡量人们生存水平和生活质量的高低，比传统的人均收入更具有科学性和全面性。个人拥有的真正财富除了可用货币体现的经济能值外，还包括没有被市场货币量化的自然环境无偿提供的能值、与他人物物交换而未参与任何货币流的能值等。2011 年，怒江州生态经济系统能值总投入 6.22×1022sej，人口数到 2011 年末全州为 53.61 万人。人均能值用量 1.16×10^{17} sej/人，远高于世界平均水平 3.9×10^{10} sej/人，为人均能值较高地区。尽管人均 GDP 不高，但由于怒江州多为自给自足的生活方

式，也相应地提高了人民的生活水平与质量，因此，从生态能量学角度来讲，怒江州属于生活水平较高的地区。

2011年，怒江州生态经济系统能值使用量为6.22×1022sej，按怒江州生态系统区域面积为1.47km^2计算，能值密度约为4.23×1012sej/m^2，全国平均水平为1.32×1011sej/m^2。说明怒江州生态经济系统的能值密度远比全国平均水平要高。

生态经济系统的环境负载率是生态经济系统的一种警示指标，通常用来自系统的购买能值与系统不可更新环境资源能值之和除以系统可更新环境资源能值。一般来说，如果系统环境负载率长期处于较高水平，表明系统存在高强度的能值利用，这时系统经济活动对环境系统保持着较大压力，将产生不可逆转的功能退化或丧失。反之，环境负载率越小，表明生态经济系统的环境承载压力越小，发展潜力越大。

2011年，怒江州生态经济系统环境负载率为8.57，高于重庆市（1.80）、辽宁省（4.33）及全国平均水平（2.80），甚至高于环境负载率较大的黄土高原区的甘肃省（6.08），说明怒江州生态系统所承受的压力较大。怒江州地处高山峡谷，远离交通要道和中心城市，山高坡陡，土地易耕性差，生产力水平低下。在农业经济的发展上，主要是以生存需求为主导，以掠取诸如森林、土地等自然资源，输出产品为主要手段。加上怒江州工业发展的滞后性、低层次性和自然限制性，使得农业过重承担了摆脱贫困、维持人口发展的艰巨重任，从而导致单一农业经济和破坏性资源开发纠合在一起，并与落后的农业生产方式相叠加，造成农业生产环境破坏、农业资源萎缩等后果。怒江州的环境负载率在国内相对较高，但与日本（1990年为14.49）和意大利（1989年为10.03）相比还是较低的，说明怒江州在提高农业生产效率的过程中还有一定的环境负载空间。

参考文献

[1] 邬建国. 耗散结构，等级系统理论与生态系统 [J]. 应用生态学报，1991，2（2）：181-186.

[2] Allan J D，Bain M B，Pestegaard K L，et al. The natural flow regime：A paradigm for river conservation [J]. 1997.

[3] 魏国良，崔保山，董世魁等. 水电开发对河流生态系统服务功能的影响 [J]. 环境科学学报，2008，28（2）：239-240.

[4] Wang F，Chen J，Chen J，Forsling W. Surface properties of natural aquatic sediments [J]. Water Research，1997，31（7）：1796-1800.

[5] Talling J. Temperature increase-an uncertain stimulant of algal growth and primary production in fresh waters [J]. Freshwater Reviews，2012，5（2）：73-84.

[6] Eppley R W. Temperature and phytoplankton growth in the sea [J]. Fish Bull, 1972, 70 (4): 1063-1085.

[7] 杨东方，陈生涛，胡均，光照，水温和营养盐对浮游植物生长重要影响大小的顺序 [J]. 海洋环境科学，2007，26 (3)：201-207.

[8] Béchet Q, Shilton A, Fringer O B, Muñoz R, Guieysse B. Mechanistic modeling of broth temperature in outdoor photobioreactors [J]. Environmental Science & Technology, 2010, 44 (6): 2197-2203.

[9] Li W K. Temperature adaptation in phytoplankton: cellular and photosynthetic characteristics, in Primary productivity in the sea. Springer, 1980, 259-279.

[10] Ras M, Steyer J P, Bernard O. Temperature effect on microalgae: a crucial factor for outdoor production [J]. Reviews in Environmental Science and Bio/Technology, 2013: 1-12.

[11] Vidussi F, Mostajir B, Fouilland E, Le Floc'h E, Nouguier J, Roques C, Got P. Thibault-Botha D, Bouvier T, Troussellier M. Effects of experimental warming and increased ultraviolet B radiation on the Mediterranean plankton food web [J]. Limnology and Oceanography, 2011, 56 (1): 206.

[12] Benndorf J, Kranich J, Mehner T, Wagner A. Temperature impact on the midsummer decline of Daphnia galeata: an analysis of long-term data from the biomanipulated Bautzen Reservoir (Germany) [J]. Freshwater Biology, 2001, 46 (2): 199-211.

[13] 卞少伟. 嫩江下游浮游植物群落结构动态特征及其与水环境因子的相关性研究 [D]. 哈尔滨：东北林业大学，2012.

[14] Soininen J. Benthic diatom community structure in boreal streams [J]. Distrubution Patterns Along Environmental And Spatial Gradients. Academic dissertation in limnology, Helsinki, 2004.

[15] Kotut K. Phytoplankton and nutrient dynamics at Turkwel Gorge Reservoir. a new man-made lake in northern Kenya. 2012.

[16] Eisenstadt D, Barkan E, Luz B, Kaplan A. Enrichment of oxygen heavy isotopes during photosynthesis in phytoplankton [J]. Photosynthesis Research, 2010, 103 (2): 97-103.

[17] Lundholm N, Hansen P J, Kotaki Y. Effect of pH on growth and domoic acid production by potentially toxic diatoms of the genera Pseudo-nitzschia and Nitzschia [J]. Marine Ecology, Progress Series, 2004, 273: 1-15.

[18] Blouin A. Patterns of plankton species, pH and associated water chemistry in Nova Scotia lakes [J]. Water, Air, and Soil Pollution, 1989, 46 (1-4): 343-358.

[19] Znachor P, Nedoma J. Importance of dissolved organic carbon for phytoplankton nutrition in a eutrophic reservoir [J]. Journal of Plankton Research, 2010, 32 (3): 367-376.

[20] Wood B, Grimson P, German J, Turner M. Photoheterotrophy in the production of phytoplankton organisms [J]. Progress in Industrial Microbiology, 1999, 35: 175-183.

[21] Paerl H W, Bebout B M, Joye S B, Des Marais D J. Microscale characterization of dissolved organic matter production and uptake in marine microbial mat communities [J]. Limnology and Oceanography, 1993, 38 (6): 1150-1161.

[22] Ramdani M, Elkhiati N, Flower R, Thompson J, Chouba L, Kraiem M, Ayache F, Ahmed M. Environmental influences on the qualitative and quantitative composition of phytoplankton and zoo-

plankton in North African coastal lagoons [J]. Hydrobiologia, 2009, 622 (1): 113-131.

[23] Bell E M, Weithoff G. Benthic recruitment of zooplankton in an acidic lake [J]. Journal of Experimental Marine Biology and Ecology, 2003, 285: 205-219.

[24] Josette G, Leporcq B, Sanchez N, Philippon X. Biogeochemical mass-balances (C, N, P, Si) in three large reservoirs of the Seine Basin (France) [J]. Biogeochemistry, 1999, 47 (2): 119-146.

[25] O'Farrell I, Lombardo R J,'P de Tezanos Pinto, Loez C. The assessment of water quality in the Lower Lujan River (Buenos Aires, Argentina): phytoplankton and algal bioassays [J]. Environmental Pollution, 2002, 120 (2): 207-218.

[26] Rangel L M, Silva L H, Rosa P, Roland F, Huszar V L. Phytoplankton biomass is mainly controlled by hydrology and phosphorus concentrations in tropical hydroelectric reservoirs [J]. Hydrobiologia, 2012, 693 (1): 13-28.

[27] Downing J, McClain M, Twilley R, Melack J, Elser J, Rabalais N, Lewis Jr W, Turner R, Corredor J, Soto D. The impact of accelerating land-use change on the N-cycle of tropical aquatic ecosystems: current conditions and projected changes [J]. Biogeochemistry, 1999, 46 (1-3): 109-148.

[28] Li Z, Guo J, Fang F, Gao X, Long M, Liu Z. The Nutrients-Phytoplankton Relationship Under Artificial Reservoir Operation: A Case Study in Tributaries of the Three Gorges Reservoir, China, in Tropical and Sub-Tropical Reservoir Limnology in China. 2012, Springer. 193-210.

[29] Oliver R L, Hamilton D P, Brookes J D, Ganf G G. Physiology, blooms and prediction of planktonic Cyanobacteria, in Ecology of Cyanobacteria Ⅱ. 2012, Springer. 155-194.

[30] Ho P C, Chang C W, Hsieh C H, Shiah F K, Miki T. Effects of increasing nutrient supply and omnivorous feeding on the size spectrum slope: a size-based nutrient-phytoplankton-zooplankton model [J]. Population Ecology, 2013: 1-13.

[31] Marzocchi U, Revsbech N P, Nielsen L P, Risgaard-Petersen N. Distant electric coupling between nitrate reduction and sulphide oxidation investigated by an improved nitrate microscale biosensor. in EGU General Assembly Conference Abstracts. 2012.

[32] Ren H, Thunell R, Sigman D, Prokopenko M G. Nitrogen isotopic composition of planktonic foraminifera from the modern ocean and recent sediments. in AGU Fall Meeting Abstracts. 2010.

[33] Li Q P, Franks P J, Ohman M D, Landry M R. Enhanced nitrate fluxes and biological processes at a frontal zone in the southern California current system [J]. Journal of Plankton Research, 2012. 34 (9): 790-801.

[34] Talling J. Temperature increase-An uncertain stimulant of algal growth and primary production in fresh waters [J]. Freshwater Reviews, 2012, 5 (2): 73-84.

[35] LI H h, LIU C q, WANG F s, WU P, WANG B l, ZHANG C p. Change characteristics of phosphorus in cascade reservoirs on maotiao river system in summer [J]. Resources and Environment in the Yangtze Basin, 2009, 4: 12.

第五章　水能资源开发适宜性评价方法

水电开发的适宜性评价，是指对水电站的修建与利用是否适宜在该处开发的评价。水电开发的适宜性评价，为决策者在开发当地水电资源时做出合理选择提供重要的参考。一般指在某流域开发某项水电项目之前，对该项目适宜开发的区域，适宜开发成什么样的水电站，适宜开发利用程度等进行的评价。该评价也可用于水电建设项目对流域影响的后评价。

水电开发的适宜性评价主要是针对水电站的建设和利用对流域现有状态的影响，将建设前后流域环境的变化进行衡量。利用水电站的修建对流域的生态系统的各相关因素的影响及影响程度，来判断流域的现有状态是否适合开发水电。

第一节　水能资源开发适宜性评价指标体系建立原则

指标体系建立原则是指标的选取依据，它对于科学、有效、合理地建立指标体系具有指导作用。水电开发适宜性评价指标体系是不同系统中多个指标的集合，该指标体系要能保证指标能从不同角度揭示水电开发对自然-经济-社会复合生态系统的影响。指标体系建立得是否合适恰当，直接影响评价结果的科学性和准确程度。因此，建立水电开发适宜性指标体系应遵循以下原则。

（1）科学性原则　指标的选取应建立在对复合生态系统深入研究的基础上，采用科学规范的理论和方法建立指标体系，客观、真实地反映水电开发对自然、经济、社会三个子系统的影响，符合水电开发适宜性评价的目标内涵。

（2）主题相关性原则　水电评价指标体系应紧扣“适宜性”，即指标的选取应当体现水能资源开发对当地的影响，突出适宜性的分区分布。与水电环境影响评价、水电开发生态风险评价等指标体系区别开来。

（3）系统性原则　指标应全面、系统地反映各子系统内部及子系统与子系统之间的相互联系和作用，指标间应相互补充，充分体现整体性。指标体系中每一个层次的目标需要和总体目标一致，各指标需与评价目标之间建立有机联系，最后形成层次分明的整体。

（4）代表性原则　指标的选取并非越多越好，指标数量的增加除了会导致数据收集、加工和处理的工作量成倍增长，还可能会造成指标含义的交叉与重复，出现信息冗余，给评价带来不便。因此，对指标应进行认真地筛选，充分考虑指标数据获取的难易程度，选取具有代表性的指标，使指标体系简单明了。在此基础上指标体系应兼顾数据收集、处理的便捷性，对评价成本和评价时间进行控制。

（5）可操作性原则　所建立的评价指标体系需要运用到实际工作中去，若指标的数据较难获得或处理，将对实际工作带来不便。选取的指标应便于获取和量化，具有经济可行性，便于应用和推广。在实践中，也需根据实际情况对指标进行删减和更新，也可以对原有的个别指标进行综合与细分。

第二节　水能资源开发适宜性评价指标体系构建

本书依据指标体系建立原则，通过对水电开发生态经济影响的深入分析，全面综合考虑了各方面的影响因素，建立了水电开发适宜性评价指标体系。本书对与水电开发相关文献进行了查阅，包括河流健康评价、水土流失评价、景观评价、社会经济评价等。对研究区域实地考察，进行细致、全面地分析、比较，挑选具有代表性的指标。

通过文献研究法、频度统计法对水电开发相关的文献内容进行提取，挑选使用频率较高的指标，使指标体系更为全面。

以往评价体系建立的指标往往评价的是水电开发前或者开发后的环境状况，这样制定的等级划分标准只能应用于与文章研究区相似的区域，而不能应用于其它状况的生态系统。本书指标的表达方式是对比水电开发前和水电开发后数据的变化，建立变化率指标的好处是以研究区本身的自然状态为最高适宜性，水电开发对自然环境的改变程度越小，适宜性越好。

一、水电开发水生态系统评价指标

水电开发最直接影响的是水生态系统，若开发不当，会影响水生态系统的结构和功能，进而影响可持续发展。水生态受到的影响包括环境因素的影响和物种因素的影响。环境因素是指河流本身的形态特征，包括水质、水文情势、栖息地等因素。物种因素是指以河流为生存基础的物种，包括鱼类、浮游植物、浮游动物等因素。

河流的自净能力和流速有关，水库的修建降低了河流流速，使其自净能力下降，造成河流水质变差。库区水质状况选择水质污染指数进行评价，包括溶解氧、总氮、氨氮、COD和pH五个指标。水文情势是维持河流生态健康的重要因素，不同物种的生存与水文情势变化有着不同的生态响应。人类通过水电站对河流水文情势进行人为调节，将会对物种造成不同程度的影响。

物种因素主要考虑物种在建坝前后多样性和种类的变化，物种选择敏感物种（国家重点保护目标、特色物种等）为代表进行评价。

(1) 水质污染指标　根据《地表水环境质量标准》(GB 3838—2002) 水质分类标准，对建坝前后水质状况进行评价。水质标准的设定应与当地水资源分区规划相适宜，该评价体系选择溶解氧、总氮、氨氮、COD和pH5个指标（表5-1）。

表5-1　水电开发水生态系统评价指标

评价对象	一级指标	二级指标	三级指标
水生态系统	环境因子	关键水质指标	溶解氧DO 总氮(TN) COD pH 氨氮
		水文情势	河流基流量指数 河流脉动指数
		生物栖息地	生境破坏程度
		河流连通性	与周围自然水体的连通性 河流连续性
		泥沙	淤积率 排沙比
	物种	鱼类	多样性指数变化率 敏感物种种类变化率
		浮游植物	多样性指数变化率 敏感物种种类变化率
		浮游动物	多样性指数变化率 敏感物种种类变化率

(2) 水文情势指标　分为河流基流量指数和河流脉动指数。

① 河流基流量指数。基流是地下水补给河流的基本水流，是河道径流最主要的补给来源。基流对维持河流生态系统的基本功能有着重要作用，决定了物种的群落结构和数量。上游河道由于水坝的修建，可能导致下游基流量供应不足，进而影响水生环境。河流基流量指数用河流实际生态流量与计算基流量之比表

示，计算公式如下：

$$I_b = Q_f / Q_c \tag{5-1}$$

式中，I_b 表示河流基流量指数；Q_f 表示河流实际生态流量；Q_c 表示计算基流量。

② 河流脉动指数。河流脉动指数是指河流径流量的年际年内变化的剧烈程度，它是河流生态功能表征的一个重要参数，计算公式如下：

$$I_p = Q_m / Q_a = \sqrt{\sum_{i=1}^{n} (Q_i - Q_a)^2} / Q_a \tag{5-2}$$

式中，I_p 表示河流脉动指数；Q_m 为径流均方差；n 为总天数；Q_i 为实测径流量；Q_a 为多年平均径流量。在实际运用中，特大洪水会使该指标变大，水库的调节作用使指标变小。河流脉动指标变化率的计算公式如下：

$$R_p = \left| \frac{I_{pl} - I_{pi}}{I_{pi}} \right| \times 100\% \tag{5-3}$$

式中，R_p 为河流脉动指数变化率；I_{pi} 为建坝前河流脉动指数；I_{pl} 为建坝后河流脉动指数。

(3) 生境破坏程度　生境与生物的栖息、繁衍有着重要的相关性。生境的评价涉及水文情势、底质、水质情况等内容，宜采用定性方法进行评价。

(4) 与周围水体连通性　周围水体指与河流相连接的各类湖泊、湿地。水电站的建设可能会妨碍河流与周围各类水体的连接，甚至阻断连接，可以采用定性的方法进行评价。

(5) 河流连续性　河流的连通性对维持河流生态系统健康有重要作用，而水坝的建设对河流进行阻隔，计算公式如下

$$I_c = L / N_d \tag{5-4}$$

式中，I_c 为连续性指标；L 表示河流的长度；N_d 表示修建水坝的数量。

(6) 泥沙淤积率　水库的建设导致河流流速的减缓，改变河流水沙条件，使水流的推动力和挟沙能力明显下降，导致泥沙淤积，在一定条件下会产生次生水质污染。淤积率计算公式如下

$$R_s = \frac{C_l}{C_i} \times 100\% \tag{5-5}$$

式中，R_s 为泥沙淤积率；C_l 为淤积损失总库容；C_i 为初始总库容。

(7) 排沙比　计算公式如下

$$R_d = \frac{S_o}{S_i} \times 100\% \tag{5-6}$$

式中，R_d 为水库的排沙比；S_o 为出库泥沙量；S_i 为入库泥沙量。

(8) 物种（鱼类、浮游植物、浮游动物以及陆地生物）种类变化率　选择敏

感物种，如国家级保护物种、稀有物种、特色物种等，计算公式如下

$$R_p=\frac{P_l-P_i}{P_i}\times 100\% \tag{5-7}$$

式中，R_p 为物种种类变化率；P_l 为鱼类、浮游植物和浮游动物在水电站运行后的种类数；P_i 为它们在水电站运行前的种类数。

（9）物种多样性指标数变化率：

$$R_d=\left|\frac{I_{dl}-I_{di}}{I_{di}}\right|\times 100\%, I_d=-\sum_{i=1}^{n}(p_i \cdot \ln p_i) \tag{5-8}$$

式中，R_d 为物种多样性指标数变化率；I_{dl}为水电站运行后物种多样性指标；I_{di}为水电站运行前物种多样性指标；I_d 为生物多样性指数；n 为物种数；p_i为物种 i 的个体数占总个体数的比例。生物多样性指数采用 Shannon-weaver 指数进行计算。Shannon-weaver 指数：$I_d=\sum(n_i/n)\log_2(n_i/n)$。式中，$n$ 表示样品生物总个体数；n_i 表示第 i 种生物的个体数。

二、水电开发陆地生态系统评价指标

陆地生态系统的评价与水生态系统类似，分为环境因素和物种因素。水电开发对陆地环境的影响主要体现在建设期对土地的侵占而导致的水土流失和植被破坏；运行期由于水库蓄水可能会产生渗漏、诱发地震和库岸滑坡的现象。物种因素考虑了植物、动物以及食物网的影响，选取具有代表性的物种进行评价。水电开发陆地生态系统评价指标见表 5-2。

表 5-2　水电开发陆地生态系统评价指标

评价对象	一级指标	二级指标	三级指标
陆地生态系统	环境因子	水土流失	水土流失面积
			植被破坏率
		地质形态	水库渗漏
			水库诱发地震
			库岸滑坡
	物种	植物	多样性指数变化率
			敏感物种种类变化率
		动物	多样性指数变化率
			敏感物种种类变化率

（1）水土流失强度指数　是指土壤侵蚀模数与土壤容许流失面积之比，计算公式如下：

$$I_e=M_e/A_l \tag{5-9}$$

式中，I_e 表示水土流失强度指数；M_e 表示土壤侵蚀模数；A_l 表示土壤容许流失面积。

土壤侵蚀模数是指单位面积上每年侵蚀土壤的平均重量，在这里的计算方法为：$M_e = E/A_t$，其中，M_e 为土壤侵蚀模数；E 为斑块侵蚀量之和，t；A_t 为总面积，km^2。斑块侵蚀量根据土壤侵蚀分类分级标准（SL 190—2007）进行判定。土壤容许流失量是指每年单位面积上可容许的最大土壤流失量，侵蚀速率与岩石的化学风化成土率保持平衡。

（2）植被破坏率

$$F = A_1 / A \tag{5-10}$$

式中，F 是工程影响区域内部植被破坏率，A_1 是工程导致植被破坏总面积；A 是影响区域内植被总面积。

（3）水库渗漏　水库的坝体和坝基有一定的透水性，水电站运行时，水库随着蓄水以及坝体的老化而产生渗漏的现象。可以采用定性的方法对其进行评价。

（4）水库诱发地震　由于蓄水产生的压力，再加上所处地质结构的特性，水库蓄水可能会诱发地震，可以采用定性的方法对其进行评价。

（5）库岸滑坡　库岸发生滑坡，有的从裂缝开始，有的是因为坝岸太过陡峭，坝体抗剪强度太小，使得滑动面以外土体所承受的水荷载超过抗滑力，或者是由于坝基土的抗剪强度不足等引起的坝体滑动。采用定性的方法对其进行评价。

三、水电开发社会经济系统评价指标

水电开发是区域性多目标水资源开发项目，为区域发展提供发电、供水、防洪、灌溉、库区旅游等多种效益。但水电开发对库区附近土地侵占和淹没，导致文化景观和人文聚落的迁移甚至消失。水电开发社会经济系统评价指标见表5-3。

表 5-3　水电开发社会经济系统评价指标

评价对象	一级指标	二级指标	三级指标
社会经济系统	社会经济	GDP	GDP 增长率
		水电效益	发电效益
			供水效益
			灌溉效益
		耕地	耕地占用指数
		旅游业	旅游业利润率
			旅游收入占 GDP 的比例
	文化景观	自然景观	侵占面积比
		自然保护区	侵占面积比
		风景名胜区	侵占面积比
	重要聚落	传统村落	侵占面积比
		特色小镇	侵占面积比
		城乡聚落	侵占面积比

(1) GDP 增长率　计算公式如下：

$$I_G = G_l / G_i \tag{5-11}$$

式中，I_G 为 GDP 增长率；G_l 为水电站建设后区域 GDP；G_i 为水电站建设前区域 GDP。

(2) 发电效益　根据水电站的益本比对水电站适宜性进行衡量。首先计算水电站的发电效益，计算公式如下：

$$B_e = n \times G \times P \tag{5-12}$$

式中，B_e 表示水电站的发电效益；n 表示水电站的运营年数；G 表示水电站的年发电量；P 表示影子电价（根据表 5-4 进行选择）。

表 5-4　国家计委 1993 年颁布的七大电网平均电力影子价格

单位：元/（kW·h）

电网	东北	华北	西北	华南	华东	西南	华中
影子电价	0.2321	0.2181	0.2116	0.2617	0.2389	0.1931	0.2225

其次计算水电站的成本，包括建设成本、维护费、材料燃油动力费、工资、水费以及其他费用。最后计算本益比，计算公式如下：

$$R = B_e / C \tag{5-13}$$

式中，R 表示水电站的益本比；B_e 表示水电站的发电效益；C 表示水电站的成本。

(3) 供水效益　若水电站的建设有提供用水的目的，需计算供水效益。采用我国的《水利经济计算规范》规定的效益分摊系数法进行计算，计算公式如下：

$$B = Vqk \tag{5-14}$$

式中，B 表示水电站的供水效益；V 表示单方水价值；q 表示新增供水量；k 表示供水利用率。

供水又分为农业、工业、第三产业供水以及居民生活供水，计算公式分别为：

$$B_i = \frac{I}{W} fqk \tag{5-15}$$

式中，B_i 表示农业、工业和第三产业供水效益；I 表示产业增加值；W 表示总用水量；f 表示分摊系数；q 表示新增供水量。

$$B_r = \frac{re}{p} fqk \tag{5-16}$$

式中，B_r 表示居民生活供水效益；r 表示居民可支配收入；e 表示恩格尔系数；p 表示人均年用水量。

（14）灌溉效益　若水电站的建设有提供灌溉的目的，需计算灌溉效益。灌溉效益采用保证灌溉的耕地产值的增值来表示，计算公式如下：

$$B_{ir}=apk \tag{5-17}$$

式中，B_{ir}表示灌溉效益；p 表示每公顷耕地生产粮食的价格；a 表示灌溉的耕地面积；k 表示灌溉效益分摊系数。对于我国东部半湿润、半干旱区实行补水灌溉、农业生产水平中等的地区，灌溉效益的分摊系数一般为 0.2～0.6，平均约 0.4，丰、平水年和农业生产水平较高的地区取较低值，反之，取较高值。

（15）耕地占用指数　水电建设占用耕地面积表示区域水电建设和因为水电建设引发的移民占用耕地的程度，由于各区域总土地面积不同，无法反映水电建设占用耕地面积的程度。因此，建立水电建设耕地占用指数来表示水电占用耕地的区域差异。计算公式如下：

$$V_h=\frac{A_h}{A_c}\times 100\% \tag{5-18}$$

式中，V_h 表示水电建设占用耕地的速度；A_h 表示研究区建设水电工程和移民占用的耕地面；A_c 表示耕地总土地面积。将水电建设占用耕地的程度进行分级，建设用地和移民用地占用耕地的比重越高，占用程度就越高。

（6）旅游业　旅游业指水电库区衍生的旅游业。旅游业利润率代表旅游业的经济效益；旅游收入占 GDP 的比例代表旅游业在国民经济中的地位。

（7）自然景观、自然保护区、风景名胜区、传统村落、特色小镇、城乡聚落均采用建坝后损坏的面积与原来所占的面积之比来进行评价。

四、指标体系权重的确定

层次分析法（Analytic Hierarchy Process，AHP）是美国著名运筹学家 Saaty 教授在 20 世纪 70 年代提出的一种有效、多目标决策方法，这种方法是把定性和定量方法相结合，将一个复杂问题分解为有序递阶层次结构，综合人为的判断，对不同方案的优劣进行决策。该方法的基本思路：首先，将问题分解成若干子问题，子问题再依次分解为子因素，建立起层次结构，这个结构要求子因素之间相互独立，但整体要成一个完整的体系。其次，通过子因素之间重要性的两两相比，根据标度表给出相应的重要性指数。再次，对子因素的重要性指标进行一致性检验，再进行单排序。最后，将各子问题下的子因素的排序进行汇总，最终计算出总问题下子因素的排序。层次分析法运用了人类的主观思想、过往的经验，对事物进行分解、决策，将定性分析与定量分析结合起来。因此它的运用范围很广，涉及方案决策、指标权重赋值的问题都可以通过运用层次分析法得到很好的解决。本书运用层次分析法确定水电开发评价指标体系中各指标的权重。

1. 层次分析法的特点

① 结构明晰：层次分析法将多目标的复杂问题层层剥离为单目标问题，系统呈树状结构，在形式上分析，在逻辑上相连。

② 过程简明：层次分析法的主要过程为指标两两相较，比较容易实现，便于快速分析问题。

③ 运用广泛：层次分析法所需信息较少，不用投入大量的人力物力，且方法较为成熟，具有较大的使用价值。

2. 层次分析法的步骤

（1）明确问题，建立递阶层次结构　建立递阶层次结构之前，首先要充分了解研究问题，对问题所涉及的内容进行梳理，理清内容要素之间的相互关系。问题层级的划分一般包括目标层、准则层、方案层等。层级结构典型模型如图 5-1 所示。

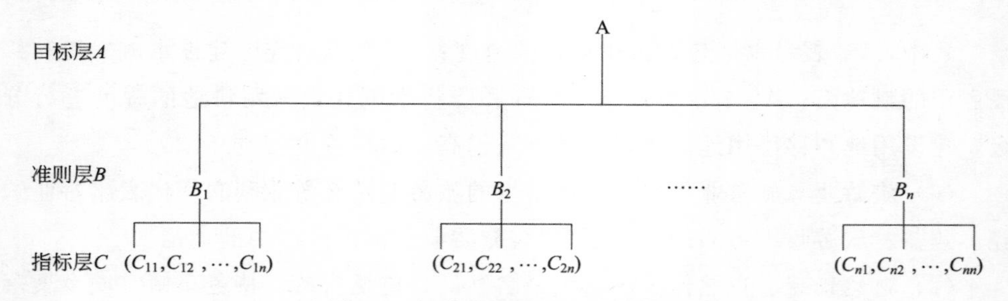

图 5-1　评价指标递阶层次结构图

因素集 $A=\{B_1, B_2, \cdots, B_n\}$，子因素集 $B_i=\{C_{i1}, C_{i2}, \cdots, C_{in}\}$

（2）建立判断矩阵　判断矩阵，表示根据人类以往的经验判断下一层元素相对上一层元素的重要性，标度采用 Saaty 教授建议的 1～9 刻度法，见表 5-5。

表 5-5　Saaty 标度及其含义描述

标度	含义
1	表示两个因素相比，具有同样重要性
3	表示两个因素相比，一个因素比另一个因素稍微重要
5	表示两个因素相比，一个因素比另一个因素明显重要
7	表示两个因素相比，一个因素比另一个因素强烈重要
9	表示两个因素相比，一个因素比另一个因素极端重要
2,4,6,8	上述两相邻判断的中值
倒数	因素 i 与 j 比较的判断为 a_{ij}，则因素 j 与 i 比较的判断 $a_{ij}=1/a_{ij}$

（3）单排序以及它的一致性检验　将判断矩阵最大特征根 λ 的特征向量 W

进行归一化，归一化后的向量即为该层元素对上层元素的权重值，单排序就完成了。由于问题的复杂程度和人们的认识程度不同，构建的判断矩阵不一定能满足一致性。因此，单排序完成之后需要进行一致性检验。一致性检验计算公式如下：

$$CI=\frac{\lambda-n}{n-1} \tag{5-19}$$

当 CI=0 时，矩阵有完全的一致性；如果 CI 接近于 0，矩阵具有较好的一致性；CI 越大，矩阵不一致性的程度越严重。在建立判断矩阵的过程中，思维判断的不一致和用 1～9 比例标度作为两两因素比较的结果都是引起判断矩阵偏离一致性的原因。因此，不能仅仅根据 CI 值设定一个可接受的不一致性标准。要得到一个对不同阶数判断矩阵均适用的一致性检验临界值，就必须消除矩阵阶数的影响。为衡量 CI 的大小，引入随机一致性指标 RI。随机一致性指标值见表 5-6。

表 5-6　随机一致性指标值

n	1	2	3	4	5	6	7	8	9	10	11
RI	0	0	0.58	0.9	1.12	1.24	1.32	1.41	1.45	1.49	1.51

一致性比率计算公式如下：

$$CR=\frac{CI}{RI} \tag{5-20}$$

一般地，当 CR<0.1 时，认为矩阵的一致性是合格的，通过检验，否则要对矩阵 A 进行修正，对 a_{ij} 加以调整。

（4）层次总排序及其一致性检验　层次总排序是所有层次因素对于最高层的相对重要性的排序权重值，该排序从最高层到最底层进行。B 层 B_1，B_2，…，B_n 对上层（A 层）中因素 A_j（$j=1$，2，3，…，m）的层次单排序一致性指标为 CI_j，随机一致性指标为 RI_j，则层次总排序的一致性比率计算公式如下：

$$CR=\frac{\sum_{j=1}^{m}a_j CI_j}{\sum_{j=1}^{m}a_j RI_j} \tag{5-21}$$

当 CR<0.1 时，认为矩阵合格，否则需要重新调整判断矩阵的元素取值，直到符合一致性要求。最后，根据层次总排序的结果做出决策。

3. 水电开发适宜性指标体系权重计算

本书采用层次分析法来计算各指标在指标体系中的权重值。水电开发评价指标体系及指标代码号见表 5-7。

表 5-7　水电开发评价指标体系及指标代码号

评价对象	一级指标	二级指标	三级指标
水生态系统 B_1	环境因子 C_{11}	关键水质指标 D_{111}	溶解氧 DO E_{1111}
			总氮(TN)E_{1112}
			COD　E_{1113}
			pH　E_{1114}
			氨氮 E_{1115}
		水文情势 D_{112}	河流基流量指数 E_{1121}
			河流脉动指数 E_{1122}
		生物栖息地 D_{113}	生境破坏程度 E_{1131}
		河流连通性 D_{114}	与周围自然水体连通性 E_{1141}
			河流连续性 E_{1142}
		泥沙 D_{115}	淤积率 E_{1151}
			排沙比 E_{1152}
	物种 C_{12}	鱼类 D_{121}	多样性指数变化率 E_{1211}
			敏感物种种类变化率 E_{1212}
		浮游植物 D_{122}	多样性指数变化率 E_{1221}
			敏感物种种类变化率 E_{1222}
		浮游动物 D_{123}	多样性指数变化率 E_{1231}
			敏感物种种类变化率 E_{1232}
陆地生态系统 B_2	环境因子 C_{21}	水土流失 D_{211}	水土流失面积 E_{2111}
			植被破坏率 E_{2112}
		地质形态 D_{212}	水库渗漏 E_{2121}
			水库诱发地震 E_{2122}
			库岸滑坡 E_{2123}
	物种 C_{22}	植物 D_{221}	多样性指数变化率 E_{2211}
			敏感物种种类变化率 E_{2212}
		动物 D_{222}	多样性指数变化率 E_{2221}
			敏感物种种类变化率 E_{2222}
社会经济系统 B_3	社会经济 C_{31}	GDP D_{311}	GDP 增长率 E_{3111}
		水电效益 D_{312}	发电效益 E_{3121}
			供水效益 E_{3122}
			灌溉效益 E_{3123}
		耕地 D_{313}	耕地占用指数 E_{3131}
		旅游业 D_{314}	旅游业利润率 E_{3141}
			旅游收入占 GDP 的比例 E_{3142}
	文化景观 C_{32}	自然景观 D_{321}	侵占面积比 E_{3211}
		自然保护区 D_{322}	侵占面积比 E_{3221}
		风景名胜区 D_{323}	侵占面积比 E_{3231}
	重要聚落 C_{33}	传统村落 D_{331}	侵占面积比 E_{3311}
		特色小镇 D_{332}	侵占面积比 E_{3321}
		城乡聚落 D_{333}	侵占面积比 E_{3331}

(1) 判断矩阵　采用 Satty 提出的 1～9 之间整数及其倒数比例标度法进行标度，构成判断矩阵。

在进行生态系统指标相对重要性判断时，除了查阅大量的相关文献，我们还考虑了物种的营养级关系，见图 5-2。水生态系统中物种营养级排序是浮游植物＜浮游动物＜鱼类。水文、泥沙、水质、栖息地状态影响着水生物种的生存、生长状况。陆地生态物种营养级排序为植物＜陆地动物，水电开发产生的水土流失会对动物和植物的生存生长环境造成影响。陆地生态系统与水生态系统之间也具有相关性，鱼类可以由陆地动物捕获，陆地植物的碎屑可以由鱼类捕食。食物网中每个物种都具有重要的意义，低级营养级物种为高级营养级物种提供物质基础，高级营养级物种对整个食物网有着平衡协调的作用。食物网任何一级的物种发生变化，都会打破整个系统的平衡状态。下面以水生态为例，进行具体的指标权重计算。判断矩阵见表 5-8～表 5-19。

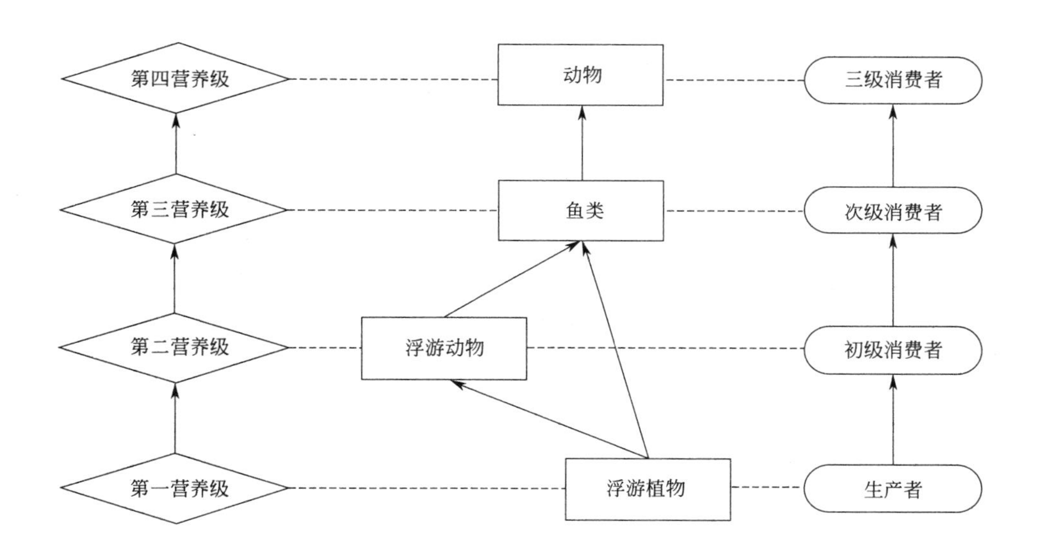

图 5-2　食物网概念图

表 5-8　*A*-*B* 判断矩阵

A	B_1	B_2	B_3
B_1	1	3	4
B_2	1/3	1	3
B_3	1/4	1/3	1

表 5-9　B_1-*C* 判断矩阵

B_1	C_{11}	C_{12}
C_{11}	1	1
C_{12}	1	1

表 5-10　C_{11}-D 判断矩阵

D_{111}	E_{1111}	E_{1112}	E_{1113}	E_{1114}	E_{1115}
E_{1111}	1	1	1	3	2
E_{1112}	1	1	1/2	1	2
E_{1113}	1	2	1	3	2
E_{1114}	1/3	1	1/3	1	1/2
E_{1115}	1/2	1/2	1/2	2	1

表 5-11　C_{12}-D 判断矩阵

C_{12}	D_{121}	D_{122}	D_{123}
D_{121}	1	1	1
D_{122}	1	1	1
D_{123}	1	1	1

表 5-12　D_{111}-E 判断矩阵

D_{111}	E_{1111}	E_{1112}	E_{1113}	E_{1114}	E_{1115}
E_{1111}	1	1	1	3	2
E_{1112}	1	1	1/2	1	2
E_{1113}	1	2	1	3	2
E_{1114}	1/3	1	1/3	1	1/2
E_{1115}	1/2	1/2	1/2	2	1

表 5-13　D_{112}-E 判断矩阵

D_{112}	E_{1121}	E_{1122}
E_{1121}	1	1
E_{1122}	1	1

表 5-14　D_{113}-E 判断矩阵

D_{113}	E_{1131}
E_{1131}	1

表 5-15　D_{114}-E 判断矩阵

D_{114}	E_{1141}	E_{1142}
E_{1141}	1	1/2
E_{1142}	2	1

表 5-16　D_{122}-E 判断矩阵

D_{122}	E_{1221}	E_{1222}
E_{1221}	1	1/2
E_{1222}	2	1

表 5-17　D_{115}-E 判断矩阵

D_{115}	E_{1151}	E_{1152}
E_{1151}	1	1/2
E_{1152}	2	1

表 5-18　D_{123}-E 判断矩阵

D_{123}	E_{1231}	E_{1232}
E_{1231}	1	1/2
E_{1232}	2	1

表 5-19　D_{121}-E 判断矩阵

D_{121}	E_{1211}	E_{1212}
E_{1211}	1	1/2
E_{1212}	2	1

(2) 层次单排序及其一致性检验　用和积法计算出各矩阵的最大特征根 λ_{max} 及其相应的特征向量 W，并用 CR＝CI/RI 进行一致性检验。其计算方法如下。

① 将判断矩阵每一列进行正规化，即：

$$\overline{b_{ij}}=\frac{b_{ij}}{\sum_{k=1}^{n} b_{ij}};i,j=1,2,\cdots,n \tag{5-22}$$

② 每一列经正规化后的判断矩阵按行相加，即：

$$\overline{W}_i=\sum_{j=1}^{n}\overline{b_{ij}};i,j=1,2,\cdots,n \tag{5-23}$$

③ 对向量 $\overline{W}=[\overline{W}_1, \overline{W}_2, \cdots, \overline{W}_n]^T$ 正规化，即：

$$W_i=\frac{\overline{W}_i}{\sum_{j=1}^{n}\overline{W}_j;}i,l=1,2,\cdots,n \tag{5-24}$$

所得到的 $W=[W_1, W_2, \cdots, W_n]^T$ 即为所求特征向量。

④ 计算判断矩阵最大特征根 λ_{max}

$$\lambda_{max}=\sum_{i=1}^{n}\frac{(AW)_i}{nW_i} \tag{5-25}$$

式中，A 为第 i 个元素值；n 为矩阵阶数；W 为向量。

水生态系统指标层次单排序表见表 5-20。

表 5-20　水生态系统指标层次单排序表

项目	A-B	B_1-C	C_{11}-D	C_{12}-D	D_{111}-E	D_{112}-E	D_{113}-E	D_{114}-E	D_{115}-E	D_{121}-E	D_{122}-E	D_{123}-E
W_1	0.608	0.500	0.293	0.333	0.262	0.500	1.000	0.333	0.333	0.333	0.333	0.333
W_2	0.272	0.500	0.319	0.333	0.192	0.500		0.667	0.667	0.667	0.667	0.667
W_3	0.120		0.155	0.333	0.298							
W_4			0.088		0.107							
W_5			0.145		0.141							
λ_{max}	3.074	2.000	5.043	3.000	5.182	2.000	1.000	2.000	2.000	2.000	2.000	2.000
CI	0.037	0.000	0.011	0.000	0.046	0.000	0.000	0.000	0.000	0.000	0.000	0.000
RI	0.580	0.000	1.120	0.000	1.120	0.000	0.000	0.000	0.000	0.000	0.000	0.000
CR	0.064	0.000	0.010	0.000	0.041	0.000	0.000	0.000	0.000	0.000	0.000	0.000
一致性检验	满意一致性	满意一致性	满意一致性	满意一致性	满意一致性	满意一致性	满意一致性	满意一致性	满意一致性	满意一致性	满意一致性	满意一致性

(3) 层次总排序及其一致性检验　层次总排序就是计算 C 层、D 层和 E 层对于 A 层的相对重要性排序，实际上是层次单排序的加权组合，具体计算方法见表 5-21。

表 5-21　总排序计算方法

层次 B	B_1	B_2	…	B_n	C 层对 A 层的总排序
层次 C	b_1	b_2	…	b_n	
C_1	C_{11}	C_{12}	…	C_{1n}	$\sum_{j=1}^{n} b_j c_{1j}$
C_2	C_{21}	C_{22}	…	C_{2n}	$\sum_{j=1}^{n} b_j c_{2j}$
⋮	⋮	⋮	⋮	⋮	⋮
C_m	C_{m1}	C_{m2}	…	C_{mn}	$\sum_{j=1}^{n} b_j c_{mj}$

表 5-21 是 B 层对 A 层的排序，c_{m1}，c_{m2}，…，c_{mn} 是 C 层对 B 层的排序。层次总排序后，需要检查，进行一致性检验。通过计算，计算出 C 层对于 A 层的相对重要性排序，亦即层次总排序，并进行一致性检验（表 5-22）。

表 5-22　C 层对 A 层的总排序表

层次 B	B_1	B_2	B_3	层次 C 总排序
层次 C	0.608	0.272	0.120	
C_{11}	0.500			0.304
C_{12}	0.500			0.304
C_{21}		0.500		0.136
C_{22}		0.500		0.136
C_{31}			0.164	0.020
C_{32}			0.539	0.065
C_{33}			0.297	0.036

进行一致性检验计算，CR＝0.008＜0.1，说明 C 层对 A 层具有满意一致性。

表 5-23 D 层对 A 层的总排序表

层次 C	C_{11}	C_{12}	C_{21}	C_{22}	C_{31}	C_{32}	C_{33}	层次 D 总排序
层次 D	0.304	0.304	0.136	0.136	0.020	0.065	0.036	
D_{111}	0.293							0.089
D_{112}	0.319							0.097
D_{113}	0.155							0.047
D_{114}	0.088							0.027
D_{115}	0.145							0.044
D_{121}		0.333						0.101
D_{122}		0.333						0.101
D_{123}		0.333						0.101
D_{211}			0.667					0.091
D_{212}			0.333					0.045
D_{221}				0.429				0.058
D_{222}				0.429				0.058
D_{223}				0.143				0.019
D_{311}					0.142			0.003
D_{312}					0.347			0.007
D_{313}					0.383			0.008
D_{314}					0.128			0.003
D_{321}						0.490		0.032
D_{322}						0.312		0.020
D_{323}						0.198		0.013
D_{331}							0.159	0.006
D_{332}							0.252	0.009
D_{333}							0.589	0.021

在 D 层对 A 层总排序中（表 5-23），进行一致性检验。结果 CR＝0.015＜0.1，说明 D 层对 A 层总排序具有满意一致性。

E 层由于数据较多，在这里展示最终计算结果。对总排序进行一致性检验，结果 CR＝0.042＜0.1，说明 E 层对 A 层具有满意一致性。E 层对于 A 层的总排序值即为水电开发评价指标体系权重值，见表 5-24。

表 5-24　水电开发评价指标体系权重值

编号	评价指标	权重值	编号	评价指标	权重值
E_{1111}	溶解氧 DO	0.023	E_{2121}	水库渗漏	0.023
E_{1112}	总氮(TN)	0.017	E_{2122}	水库诱发地震	0.022
E_{1113}	COD	0.027	E_{2211}	陆地植物多样性指数变化率	0.014
E_{1114}	pH	0.010	E_{2123}	库岸滑坡	0.009
E_{1115}	氨氮	0.013	E_{2212}	陆地植物敏感物种种类变化率	0.023
E_{1121}	河流基流量指数	0.049	E_{2221}	陆地植物多样性指数变化率	0.045
E_{1122}	河流脉动指数	0.049	E_{2222}	陆地动物敏感物种种类变化率	0.023
E_{1131}	生境破坏程度	0.047	E_{3111}	GDP 增长率	0.045
E_{1141}	与周围自然水体的连通性	0.009	E_{3121}	发电效益	0.003
E_{1142}	河流连续性	0.018	E_{3122}	供水效益	0.004
E_{1151}	淤积率	0.015	E_{3123}	灌溉效益	0.001
E_{1152}	排沙比	0.029	E_{3131}	耕地占用指数	0.001
E_{1211}	鱼类多样性指数变化率	0.034	E_{3141}	旅游业利润率	0.008
E_{1212}	鱼类敏感物种种类变化率	0.068	E_{3142}	旅游收入占 GDP 的比例	0.002
E_{1221}	浮游植物多样性指数变化率	0.034	E_{3211}	自然景观侵占面积比	0.001
E_{1222}	浮游植物敏感物种种类变化率	0.068	E_{3221}	自然保护区侵占面积比	0.032
E_{1231}	浮游动物多样性指数变化率	0.034	E_{3231}	风景名胜区侵占面积比	0.020
E_{1232}	浮游动物敏感物种种类变化率	0.068	E_{3311}	传统村落侵占面积比	0.013
E_{2111}	水土流失面积	0.068	E_{3321}	特色小镇侵占面积比	0.006
E_{2112}	植被破坏率	0.023	E_{3331}	城乡聚落侵占面积比	0.009

综合评价采用多目标线性加权函数法，计算公式如下：

$$S=\sum_{i=1}^{n}(I_iW_i) \tag{5-26}$$

式中，S 为综合评价指数；I_i 为各指数等级；W_i 为各指标权重值。

参 考 文 献

[1] 史作民，程瑞梅，陈力等．区域生态系统多样性评价方法 [J]．生态与农村环境学报，1996，12 (2)：1-5.

[2] 肖放．医巫闾山森林生态系统健康评价及指示昆虫的研究 [D]．哈尔滨：东北林业大学，2012.

[3] 李昊民．生物多样性评价动态指标体系与替代性评价方法研究 [D]．北京：中国林业科学研究院，2011.

[4] 宋杰．健康城市化的生态评价体系构建及实证研究 [D]．长沙：中南大学，2013.

[5] 钱开铸，吕京京，陈婷等．基流计算方法的进展与应用 [J]．水文地质工程地质，2011：20-25.

［6］ 高永胜，王浩，王芳．河流健康生命评价指标体系的构建［J］．水科学进展，2007，18（2）：252-257.

［7］ 罗贤，许有鹏，徐光来等．水利工程对河网连通性的影响研究——以太湖西苕溪流域为例［J］．水利水电技术，2012（9）：12-15.

［8］ 禹雪中，夏建新，杨静等．绿色水电指标体系及评价方法初步研究［J］．水力发电学报，2011，30（3）：71-77.

［9］ Krebs C J. Ecological methodology［M］. Menlo Park，California：Benjamin/Cummings，1999.

［10］ 陈百明．区域土地可持续利用指标体系框架的构建与评价［J］．地理科学进展，2002，21（3）：204-215.

［11］ 李树枫．土石坝老化病害评价指标体系及对策研究［D］．北京：中国农业大学，2005.

［12］ 王洪梅．水电开发对河流生态系统服务及人类福利综合影响评价［D］．中国科学院研究生院（成都山地灾害与环境研究所），2007.

［13］ SD139-85. 水利经济计算规范［S］. 1986.

［14］ 任晶．沅水流域水电规划环境影响的经济评价［D］．湘潭：湘潭大学，2011.

［15］ 田光进，周全斌，赵晓丽等．中国城镇扩展占用耕地的遥感动态监测［J］．自然资源学报，2002，17（4）：476-480.

［16］ 牛亚菲．旅游业可持续发展的指标体系研究［J］．中国人口，资源与环境，2002，12（6）：42-45.

［17］ 赵焕臣．层次分析法：一种简易的新决策方法［M］．北京：科学出版社，1986.

［18］ 张延欣．系统工程学［M］．北京：气象出版社，1997.

［19］ 周兴．AHP法在广西生态环境综合评价中的应用［J］．广西师范学院学报：自然科学版，2003，20：8-15.

［20］ Saaty T L. What is the analytic hierarchy process?［M］. Springer Berlin Heidelberg，1988：109-121.

［21］ 李东旭．基于层次分析法的我国大河三角洲脆弱性评价模型研究［D］．中国石油大学（华东），2012.

第六章 单级和梯级水能资源开发适宜性评价

第一节 澜沧江概况

澜沧江（N21°08′～29°15′，E98°36′～102°19′）发源于中国青海省唐古拉山脉东北部的刚果日山，流经西藏进入云南，纵贯云南西部迪庆、怒江、丽江、大理、保山、临沧、思茅地区及西双版纳8个地州，于西双版纳出境，出境后称为湄公河。澜沧江在中国境内长2161.1km，落差约5000m，流域面积17.4km^2，其中云南境内长1216.7km，流域面积89km^2，占全省国土面积的22.6%。澜沧江水能资源蕴藏丰富，具有极高的水能开发价值。进入20世纪50年代后，澜沧江水能资源的普查和规划工作开始全面展开。这期间，规划了包括澜沧江干流规划开发8个梯级水电站，这一规划从上游至下游依次为功果桥、小湾、漫湾、大朝山、糯扎渡、景洪、橄榄坝和勐松。目前已建成和基本建成的水电站有5座：①漫湾水电站，一期总装机容量125万千瓦，于1995年6月建成投产，二期工程于2005年开工，2006年投产，装机容量30万千瓦。②大朝山水电站，1997年8月开工建设，2003年全面投产发电，总装机容量135万千瓦。③小湾电站，总装机容量420万千瓦，于2002年开工建设，2012年全部完工，是澜沧江中下游梯级电站中的“龙头水电站”。④景洪水电站，总装机容量175万千瓦，于2003年开工建设，2009年5月全部建成投产发电。⑤功果桥水电站，总装机容量90万千瓦，2008年开工建设，2011年11月首台机组发电。在建的水电站有糯扎渡水电站和橄榄坝。糯扎渡水电站是澜沧江流域下游河段梯级开发中的第二个“龙头水电站”，2005年底该工程开始建设，于2013年实现首批机组发电，到2017年全部建成投产，电站总装机容量585万千瓦。橄榄坝水电站总装机容量为15.5万千瓦，于2011年3月开工建设，预计2015年投产发电。

漫湾水电站是梯级干流开发中最早开工建设并投产使用的水电站，大朝山水电站和小湾先后建立，并位于漫湾水电站的下游和上游，因此小湾下游至大朝山水电站是水坝影响澜沧江生态环境持续事件最长的地段，研究该区域的梯级水坝建设对环境因子和生物因子的影响作用，对整个流域的环境生态保护具有很强的指导意义。

一、地形与地貌

澜沧江所在的横断山脉，地势由北向南呈阶梯状下降，随山脉南延，山川间距由上游向下逐渐展宽。上游的主体地貌特征表现为高原地貌和高山峡谷相间，地质构造活动强烈，是典型的生态环境脆弱带。东南部主要为云贵高原，以高山和中山为主，人类活动频繁。小湾电站到大朝山电站段涉及三个水坝的建设和运行。小湾电站位于云南省西南部南涧县与凤庆县交界处，澜沧江与黑惠江交汇口下游约2km的小湾峡谷中。坝址河床两岸山坡在40°～45°，为基本对称的“V”形河谷。流域面积$11.33\times10^4km^2$，调节库容$98.95\times10^8m^3$。漫湾电站坐落于云南省西部云县和景东县交界处，在澜沧江中游段的漫湾河口下游1km处。库区山高谷深，为典型的峡谷河道型水库。坝址控制流域面积$11.45\times10^4km^2$，占澜沧江流域面积的64.8%（按国境内面积计）。总库容$10.6\times10^8m^3$，有效库容$2.57\times10^8m^3$，水库面积$23.6km^2$，干流回水可以至小湾附近，约70km，水面平均宽度为33.7m。大朝山位于云南省云县和景东彝族自治县交界处，流域面积$12.1\times10^4km^2$，总库容$8.84\times10^8m^3$，调节库容$3.67\times10^8m^3$，水库面积为$26.25\ km^2$，水库长度91.25km，回水末端与漫湾电站发电尾水相接。

二、气候与水文

小湾电站下游至大朝山库区气候总体为亚热带低纬度山地季风气候。最冷月平均气温多在10 ℃以上，极端最低气温－0.9～3.2 ℃，气温年差小，日较差大，气温年较差为10.5 ℃，比同纬度地区小1～5 ℃，年平均气温日较差多在10 ℃以上。年内干湿季分明，年降雨量为920～1330 mm，凤庆最多。降水的季节分配不均，雨季一般为5～10月份，降水集中占全年降水的80%～90%，平均雨季开始期5月下旬，平均雨季结束期10月上旬；干季（11月～次年4月）

降水较少。相对湿度年平均为64%～77%。河谷地区全年无雪无霜，4个现成的霜期年平均为2.2～26.6天，其中南涧最多，云县最少。大朝山库区多年平均水量$426\times10^8 m^3$。

三、泥沙状况与水生生物

河流泥沙主要来源于地表侵蚀，即由于降雨、植被、土壤、坡度和土地利用方式而导致的水土流失，但土壤流失程度有所差异。漫湾下游戛旧水文站记录的1983～2002年平均流量为1255 m^3/s，平均含沙量为1.6 kg/m^3，平均输沙率为2013 kg/s，平均沙量为6337万吨。

河流中水生生物种类繁多，包括浮游生物、底栖动物和鱼类三大类。根据1982年对藻类植物的调查显示，澜沧江中游共有藻类植物6个门，8个纲，19个目，27个科，50个属，88个种和变种。澜沧江鱼类区系由6目组成，包括21科86属162种，其中鲤形目4科60属117种，鲇形目7科13属27种，鲃形目1科2属3种，合鳃目1科1属1种，鲈形目7科9属13种。鲤形目中双孔鱼科1属1种，鲤科48属86种，鳅科9属24种，平鳍鳅科3属6种。底栖动物主要有环节动物的寡毛纲动物，软体动物门的腹足纲和瓣鳃纲，节肢动物门的甲壳纲。

四、社会经济

漫湾电站库区淹没涉及云县、凤庆县、景东彝族自治县和南涧彝族自治县四个县8个乡镇，淹没陆地面积17.63km^2，其中耕地为415hm^2，包括水田242 hm^2和旱地 hm^2，林地567.2 hm^2，牧地152 hm^2。安置移民584户，3513人，其中农业人口3206人。据2010年四个县的统计年鉴分析可知，2010年云县、景东县、南涧县和凤庆县的农民人均纯收入为2578元、2556元、2060元和2856元。四个县总人口148.49万人，其中农业人口132.61万人，占总人口数的89.65%。

大朝山电站库区淹没涉及云县和景东县两县的10个乡镇、38个村（办事处）和185个社（组），主要为山区半山区，其面积占全县总面积的95%左右。库区淹没耕地82.606hm^2，其中水田180.33hm^2，林地220.33hm^2，特种用地187.33hm^2，淹没影响各类房屋面积137.389m^2，淹没影响人口5529人。

漫湾水电站与大朝山水电站都位于云南省云县与景东县交界的澜沧江干流河段，两者相距70km。漫湾水电站在漫湾镇上游约3km，是澜沧江反流河段开发方案的第十级，大朝山水电站是第十一级。漫湾水电站与大朝山水电站建坝数据见表 6-1。

表 6-1　漫湾、大朝山水电站建坝数据统计表

指标	漫湾水电站	大朝山水电站
正式投产时间	1995 年	2003 年
控制流域面积	$114500km^2$	$121000\ km^2$
多年平均流量	$1230m^3/s$	$1340m^3/s$
开发方式	坝式	坝式
正常蓄水位	994m	899m
死水位	982m	887m
总库容(正常蓄水位以下)	$9.2\times10^8m^3$	$7.4\times10^8m^3$
调节库容	$2.57\times10^8m^3$	$2.75\times10^8m^3$
调节性能	季调节	季调节
装机容量	1605MW	1350MW
年发电量	$77.84\times10^8kW\cdot h$	$63.83\times10^8kW\cdot h$
综合利用	发电	发电
最大坝高	132m	118m
静态总投资	26.62 亿元	35.3 亿元

澜沧江漫湾水库及临沧地区的云县和凤庆县，思茅地区的京东彝族自治县，大理白族自治州的南涧彝族自治县，分属 3 个地州 4 个县。流域内地广人稀，森林资源和矿产资源丰富。4 县总面积为 13545 平方千米，为多民族聚居区，总人口数为 135.9 万，平均人口密度为 $100.33h/km^2$。漫湾水电站的修建对当地的经济发展有着极大的促进作用，财政收入比建坝前增加了 5.73 倍。大朝山水电站水库建设淹没耕地 1.24 万亩，迁移人口 6054 人。云南省境内已探明储量的矿产有 297 个产地 40 种矿种，占全省探明矿种的 58.8%，其中铅、锌及其半生的锶、铊、镉等矿产，储量大，品质高，采选条件好。流域内野生生物资源也十分丰富，主要有岩鹿、獐子、豹子、狐狸、马猴、贝母、当归、雪莲等。

第二节　澜沧江水能资源开发适宜性评价指标体系

前文建立的水电开发适宜性评价指标是比较全面的指标体系，将水电开发所涉及的各方面比较重要的部分囊括入内。对于具体的水电站评价，一是要考虑指标和水电站的匹配度，如漫湾水电站的建设目的是发电，那么防洪、灌溉的效益就不用考虑在内。二是由于评价指标体系对数据量的要求非常大，所以在对具体水电站进行评价时，如果所掌握的数据有限，就需要结合水电站与指标的匹配度，筛选出关键的评价指标，再进行适宜性评价。本章依次对漫湾水电站、大朝山水电站进行了适宜性评价，并对漫湾——大朝山梯级水电站进行了评价。

由于收集到的数据有限，本书对水电开发适宜性评价体系的具体评价指标进行了筛减，建立以下澜沧江水电开发适宜性评价指标体系（表 6-2）。

表 6-2　澜沧江水电开发适宜性评价指标体系

评价对象	一级指标	二级指标	三级指标
水生态系统	环境	关键水质指标	溶解氧 DO
			总氮(TN)
			COD
			pH
			氨氮
		水文情势	河流脉动指数
		泥沙	排沙比
	物种	鱼类	多样性指数变化率
			敏感物种种类变化率
		浮游植物	多样性指数变化率
			敏感物种种类变化率
		浮游动物	多样性指数变化率
			敏感物种种类变化率
陆地生态系统	环境	水土流失	水土流失强度
		动物	敏感物种种类变化率
社会经济系统	社会经济	水电效益	发电效益
		耕地	耕地占用指数

第三节　澜沧江水能资源开发适宜性评价标准

一、评价标准的依据

指标的等级划分影响着最终的综合评价，等级标准划分依据如下。

① 评价体系中生态系统指标的等级划分以建坝前的状态为本底标准，建坝前的生态环境未受到很多的人为干扰，呈现出自然状态。

② 参考了国家相关的环境质量标准。水质评价时使用了《地表水环境质量标准》，计算水土流失强度时使用了《土壤侵蚀分类分级标准》(SL-190-2007)。

③ 参考其他文献制定的等级划分标准。河流脉动指数评价标准参考王淑英等的文献。物种种类变化率评价标准参考耿雷华等的文献。排沙比评价标准参考禹雪中等的文献。耕地占用指数评价标准参考田光进等的文献。

二、评价等级标准

水电适宜性评价等级划分见表6-3。

表6-3 水电适宜性开发等级划分

等级	1	2	3	4	5
描述	不适宜开发，对生态环境破坏大	较不适宜开发，对生态环境影响较大，但社会经济效益大	较适宜开发，对生态环境影响较大，但可以通过措施来加以防治	适宜开发，对生态环境影响较小，社会经济效益大	很适宜开发，对生态环境影响小，社会经济效益大

本书制定的水电开发适宜性评价等级标准见表6-4。

表6-4 水电开发适宜性评价指标等级划分标准

指标	等级1	等级2	等级3	等级4	等级5
水质	水质等级下降≤2级	水质等级下降<1级	水质等级不变	水质等级上升≤1级	水质等级上升≤2级
河流脉动指数变化率	≥65%	45%～65%	25%～45%	10%～25%	≤10%
排沙比	<−50%	−50%～−20%	−20%～20%	20%～50%	>50%
物种种类变化率	≥35%	25%～35%	15%～25%	5%～15%	≤5%
物种多样性指数变化率	≥35%	25%～35%	15%～25%	5%～15%	≤5%
水土流失指数	建坝前 I_e>7.5或建坝前后差≥6.5	建坝前 I_e<7.5，建坝前后差3～6.5	建坝前 I_e<7.5，建坝前后差1～3	建坝前 I_e≤1，建坝前后差≤1	很适宜，建坝前后差<−6.5
发电效益		益本比<1	益本比=1	益本比>1	
耕地占用指数	>220%	110%～220%	30%～110%	10%～30%	0～10%

第四节 漫湾水能资源开发适宜性评价

一、漫湾水电站水生态系统指标计算

（1）水质指标计算　本书设定了溶解氧（DO）、总氮（TN）、COD_{Mn}、pH、氨氮等水质指标。根据云南省环保局2001年6月发布的《云南省地表水环境功能区划（复审）》（云环控发［2001］613号）文件，澜沧江干流入云南省境～戛旧段水功能为珍稀鱼类保护区，执行《地表水环境质量标准》（GB 3838—2002）的Ⅱ类水质标准。漫湾水电站位于戛旧水文站上游，故执行Ⅱ类水质标准。地表水水质标准见表6-5。

表6-5 地表水水质标准

等级	溶解氧≥/(mg/L)	总氮≤/(mg/L)	COD_{Mn}≤/(mg/L)	pH	氨氮≤/(mg/L)
1	7.5	0.2	15	6～9	0.15
2	6	0.5	15		0.5
3	5	1.0	20		1.0
4	3	1.5	30		1.5
5	2	2.0	40		2.0

根据2012年4月、7月和9月在漫湾水电站的采样数据，可得到漫湾水电站的相关水质情况。从表6-6可得漫湾水电站水质基本处于Ⅱ类水质标准，但总氮含量稍高，属于Ⅳ类标准，则综合水质为Ⅳ类水。

表6-6 漫湾水电站水质情况

溶解氧/(mg/L)	总氮/(mg/L)	COD/(mg/L)	pH	氨氮/(mg/L)
8.00	1.02	6.71	8.41	0.14

1989—1992年漫湾建坝前水质为＜Ⅴ类水，本书计算建坝后为Ⅳ类水，前后相差1级。若建坝后，水质等级下降，将影响水生生物的生存和生长，甚至造成生物的死亡。若水质上升，则适宜水生生物生存。根据水质适宜性评价等级划分表，漫湾水电站对水质适宜性为4级。

（2）河流脉动指数　使用漫湾1954—2000年的年径流量，1995年漫湾的一期工程进入投产，根据公式，计算出1995年以前河流脉动指数为1.6，1995年之后河流脉动指数为1.3。由于漫湾水电站的调节作用，河流脉动指数变小了，河流脉动指数变化率为18.75%。则漫湾水电站河流脉动指数适宜等级为4级。

（3）排沙比　1995年建坝前漫湾排沙比为48.3%，1995年建坝之后漫湾排沙比为37.5%，建坝前后排沙比变化率为－22.4%。根据排沙比适应性评价等级划分，漫湾水电站排沙比适宜性等级为2级。

（4）鱼类多样性变化率　表6-7为1995年和2008年土著鱼种的标本数，类多样性指数为2.21，则土著鱼类多样性变化率为40.1%。根据物种多样性适宜性评价等级划分，鱼类多样性指数变化率适宜性等级为1级。

表 6-7　漫湾水电站土著鱼种标本数

项目	物种名称	1995 年	2008 年
O1	鲤形目　Cypriniformes		
F1	鲤　科　Cyprinidae		
SF1	鱼丹亚科　Danioninae		
S1	斑尾低线鱲　Barilius caudiocellatus	5	5
S2	马口鱼　Opsariichthys bidens	4	
SF2	鱼裔亚科　Acheilognathinae		
S3	大鳍鱼裔　Acheilognathus macropterus	3	
SF3	鲃亚科　Barbinae		
S4	河口光唇鱼　Acrossocheilus krempfi	3	
S5	云南四须鲃　Barbodes huangchuchieni	4	20
S6	红鳍方口鲃　Cosmochilus cardinalis	4	
S7	后背鲈鲤　Percocypris pingi retrodorslis	4	3
S8	黄尾短吻鱼　Sikukia flavicaudata		4
S9	大鳞结鱼　Tor douronensis	3	
S10	中国结鱼　Tor sinensis	5	1
S11	少鳞舟齿鱼　Scaphiodonichthys acanthopterus	2	
S12	细长白甲鱼　Onychostoma elongatus	7	144
SF4	野鲮亚科　Labeoniae		
S13	墨头鱼　Garra pingi pingi	5	
S14	奇额墨头鱼　Garra mirofrontis	8	7
S15	宽头华鲮　Sinilabeo laticeps	3	13
S16	云南华鲮　Sinilabeo yunnanensis	2	
SF5	鮈亚科　Gobioninae		
S17	花鱼骨　Hemibarbus maculatus	5	
SF6	裂腹鱼亚科　Schizothoracinae		
S18	灰裂腹鱼　Schizothorax griseus	2	
S19	澜沧裂腹鱼　Schizothorax lantsangensis	3	
S20	光唇裂腹鱼　Schizothorax lissolabiatus	4	
SF7	条鳅亚科　Nemacheilinae		
S21	多鳞条鳅　Nemacheilus schultzi	3	
S22	拟鳗副鳅　Paracobitis anguillioides	5	1
S23	横纹南鳅　Schistura fasciolatus	10	3
S24	宽纹南鳅　Schistura latifasciata	6	7
S25	鼓颊南鳅　Schistura bucculenta	5	
S26	短尾高原鳅　Triplophysa brevicauda		20
SF8	沙鳅亚科　Botiinae		
S28	黑线沙鳅　Botia nigrolineata	5	
S29	长腹沙鳅　Botia longiventralis	2	44
S30	云南沙鳅　Botia yunnanensis	10	
SF9	腹吸鳅亚科　Gastromyzoninae		
S31	横斑原缨口鳅　Vanmanenia striata	8	1
S32	张氏爬鳅　Balitora tchangi	5	33
S33	长体间吸鳅　Hemimyzon elongata	3	
S34	彭氏间吸鳅　Hemimyzon pengi	4	1
SF10	平鳍鳅亚科　Homalopterinae		

续表

项目	物种名称	1995年	2008年
S35	云南平鳅　Homaloptera yunnanensis	4	1
S36	澜沧江爬鳅　Sinohomaloptera lancangjiangensis	4	
O2	鲇形目　Siluriformes		
F2	胡鲇科　Clariidae		
S37	胡子鲇　Clarias batrachus	1	
F3	刀鲇科　Schilbidae		
S38	长臀刀鲇　Platytropius longianlis	4	13
S39	中华刀鲇　Platytropius sinensis	5	
F4	鮡科　Sisoridae		
S40	巨魾　Bagarius yarrelli	2	
S41	丽纹胸鮡　Glyptothorax lampris	5	
S42	老挝纹胸鮡　Glyptothorax laosensis	10	
S43	大斑纹胸鮡　Glyptothorax macromaculatus	14	
S44	扎那纹胸鮡　Glyptothorax zanaensis	7	79
S45	细尾异齿鰋　Oreoglanis delacori	4	
S46	兰坪鮡　Pareuchiloglanis myzostoma		10
S47	无斑褶鮡　Pseudecheneis immaculatu		8
S48	似黄斑褶鮡　Pseudecheneis sulcatoides	11	6
O3	鳉形目　Cyprinodontiformes		
F5	青鳉科　Oryziatidae		
S49	小青鳉　Oryzias minutillus	3	
F6	鳢科　Channidae		
S50	宽额鳢　Channa gachua	5	
F7	刺鳅科　Mastacembelidae		
S51	大刺鳅　Mastacembelus armatus	1	
	标本数总计	222	424
	种类数总计:51	47	22

(5) 鱼类种类数变化率　漫湾水电站1995年建成投产时，有鱼类61种，其中土著鱼类47种，到2008年，调查到鱼类34种，其中土著鱼类21种。1995年和2008年土著鱼类见表6-7。根据公式计算，土著鱼类种类数变化率为55.3%，根据物种适宜性等级划分，鱼类种类变化率适宜性评价等级为1等级。

(6) 浮游植物种类数变化率　1984年2月在漫湾建坝前的调查数据，观察到包括蓝藻门、红藻门、金藻门、硅藻门、绿藻门和轮藻门6门的浮游植物，共计8纲、19目、27科、50属、88种及变种。其中硅藻门占绝对优势，其次是绿藻门和蓝藻门。2012年，M7～M8采集了样品数据，观察到绿藻门、硅藻门、蓝藻门、裸藻门、甲藻门共5门浮游植物。其中硅藻门有21个种类、绿藻门有10个种类、蓝藻门有6个种类、隐藻门和甲藻门分别有2个和1个种类。2012年4月、7月、9月浮游植物的种类分别有27种、24种、20种，平均为24种。

2012年的数据与1984年的数据，则浮游植物种类数变化率为72.7%，由于水电站的修建导致浮游植物种类数剧烈下降，物种的种类变化适宜性评价等级划分见表6-4，适用于水生生物和陆地生物。漫湾水电浮游植物种类适宜性评价等级为等级1。

（7）浮游植物多样性变化率　根据香农维纳指数公式计算，1984年建坝前浮游植物多样性指数为0.12，2012年建坝后浮游植物多样性指数为1.05。浮游植物多样性指数越小，水质富营养化程度越高。建坝前浮游植物多样性指数处于0～1之间，表明水质为重度污染。建坝后浮游植物多样性指数在1～3之间，表明水质为中度污染。浮游植物多样性指数变化率为865%。浮游植物多样性指数变化率适宜性评价等级为1级。

（8）浮游动物种类数变化率　1984年在漫湾建坝前的调查数据，显示浮游动物有47种。2012年在M7～M8样点采集的数据，发现浮游动物共有16属，包括晶囊轮虫属、无柄轮虫属、异尾轮虫属、象鼻溞、皱甲轮虫属、疣毛轮虫属等。2012年4月、7月、9月采样所得的浮游动物分别为15种、12种以及10种，平均为12种。三个月份共有的种类有26种，包括柯氏象鼻溞、脆弱象鼻溞、等刺异尾轮虫、曲腿龟甲轮虫、模式有爪猛水溞等。据2012年与1984年的数据计算，浮游动物种类数变化率为74.5%，浮游动物种类变化率适宜性评价等级为1级。

（9）浮游动物多样性变化率　计算香农维纳指数，建坝前1984年浮游动物多样性指数为0.693，建坝后2012年浮游动物多样性指数为0.692。则浮游动物多样性指数变化率为0.14%，浮游动物多样性适宜性等级为5级。

二、漫湾水电站陆地生态系统指标计算

（1）水土流失强度指数　根据《土壤侵蚀分类分级标准》（SL-190-2007）中全国各级土壤侵蚀类型区的范围和特点，漫湾所处的侵蚀土壤类型为西南土石山区。各侵蚀类型区容许土壤流失量见表6-8，水力侵蚀的强度分级见表6-9。

表6-8　各侵蚀类型区容许土壤流失量　单位：t/（km^2·a）

类型区	容许土壤流失量	类型区	容许土壤流失量
西北黄土高原区	1000	南方红壤丘陵区	500
东北黑土区	200	西南土石山区	500
北方土石山区	200		

表6-9　水力侵蚀的强度分级

级别	平均水力侵蚀模数/[t/(km^2·a)]
微度	<200;500;1000
轻度	200;500;1000～2500

续表

级别	平均水力侵蚀模数/[t/(km² · a)]
中度	2500～5000
强度	5000～8000
极强度	8000～15000
剧烈	＞15000

年平均土壤侵蚀模数计算公式如下：

$$M=RKLSBET \tag{6-1}$$

式中 M——年平均土壤水蚀模数，t/(km^2 · B)；

R——多年平均降雨侵蚀力，MJ/(km^2 · B)(mm/h)；

K——土壤可蚀性，为单位降雨力造成的单位面积上的土壤流失量，(t/km^2)[(MJ/km^2)(mm/h)]$^{-1}$；

L——坡长因子，无量纲；

S——坡度因子，无量纲；

B——生物措施因子，无量纲；

E——工程措施因子，无量纲；

T——耕作措施因子，无量纲。

年平均降雨侵蚀力的简易估算公式如下：

$$R=\alpha P^{\beta} \tag{6-2}$$

式中，R 为年平均降雨侵蚀力；P 为多年平均降雨量，mm；α 和 β 为模型参数。

建坝前（1954—1994 年）年平均降雨量为 1604.7 mm，建坝后（1995—2011 年）年平均降雨量为 1569.5 mm；建坝前年平均降雨侵蚀力为 10931.2 MJ/[(km^2 · B)(mm/h)]，建坝后年平均降雨侵蚀力为 10544.0MJ/[(km^2 · B)](mm/h)。建坝前土壤侵蚀模数为 474.4t/(km^2 · B)，建坝后土壤侵蚀模数为 457.6t/(km^2 · B)。根据公式计算，建坝前水土流失强度指数为 0.95，建坝后水土流失强度指数为 0.91。根据表 6-10，建坝前和建坝后的水土流失强度均为微度侵蚀。

表 6-10　水土流失强度指数等级划分

级别	微度	轻度	中度	强度	极强度	剧烈
I_e	＜1	1	7.5	13	23	＞30

水土流失适宜性评价等级中，满足等级需要建坝前水土流失强度指数的要求，以及建坝前后水土流失强度指数差的要求。满足建坝前的要求是前提，建坝前的水土流失强度指数达到要求后，工程才能进行建设。建坝前后水土流失强度

指数差是建坝后的水土流失强度指数减去建坝前的水土流失强度指数，结果为正数则表示建坝后水土流失强度加剧，为负数表示建坝后水土流失的情况得到了缓解。由表 6-4 可知，漫湾水电站水土流失适宜性为 4 级。

（2）鸟类种类数变化率　1984 年，建坝前鸟类种类数为 101，1998 年，建坝后鸟类种类数为 111。当地一些珍稀鸟类如绿孔雀（*Pavo muticus*）、白腹锦鸡（*Chrysolophus amherstiae*）、原鸡（*Gallus gallus*）、白鹇（*Lophura nycthemera*）等由于人为干扰，以及生态环境的变化和破坏，数量日趋减少。但之后由于当地政府加强了珍稀野生动物的保护措施，以及由于建坝后库区的形成，招引了许多野生水禽，鸟类的种类数得到增长。经计算，鸟类种类数变化率约为 10%。根据物种种类适宜性评价等级划分，鸟类种类数变化率等级为 4 级。

（3）兽类种类数变化率　选取兽类的敏感物种，包括中国在世界哺乳类特有种、中国濒危动物红皮书、中国特有种、云南在中国特有种以及一些十分罕见的物种。敏感兽类种类数见表 6-11。

表 6-11　漫湾敏感兽类种类数

项目	名称	1984 年	1998 年	备注
O1	食虫目　Insectivora			
F1	鼹科　Talpidae			
S1	白尾鼹　Parascaptor leucure Blyth	√		中特
S2	多齿鼩鼹　Uropsilus graeilis Thomas	√		中特
F2	鼩鼱科　Soricidae			
S3	川鼩　Blarinella quadraticauda ward Thonmas	√		中特
S4	小长尾鼩　Soriculus parva G. Allen	√		中特
S5	大长尾鼩　Soriculus salenskii Kastschenko	√		中特
O2	翼手目　Chiroptae			
F3	狐蝠科　Pteropodidae			
S6	犬蝠　Cynopterus sphinx Vahl	√		中国红皮书
F4	蹄蝠科　Hippposideridae			
S7	无尾蹄蝠　Coelops frithi inflatus Miller		√	十分罕见
F5	蝙蝠科　Vespertilionidae			
S8	南蝠　Ia io Thomas	√		中国红皮书
O3	灵长目　Primates			
F6	懒猴科　Lorisidae			
S9	蜂猴　Nycticebus coucang bengalensis Fisher	√	√	中国红皮书
F7	猴科　Cercopithecidae			
S10	猕猴　Macaca mulatta mulatta Zimmermann	√	√	中国红皮书
S11	豚尾猴　Macaca nemestrina leonine Blyth		√	中国红皮书
S12	短尾猴　Macaca arctoides arctoides Geoffroy	√	√	中国红皮书
S13	菲氏叶猴　Presbytis phayrei crepusculus Elliot	√	√	中国红皮书
F8	长臂猿科　Hylobatidae			
S14	黑长臂猿　Hylobates concolor concolor Harlan	√	√	中国红皮书

续表

项目	名称	1984年	1998年	备注
F9	穿山甲科　Mandae			
S15	穿山甲　Manis pentadactyla aurita Hodgson	√	√	中国红皮书
O4	食肉目　Carnivora			
F10	犬科　Canidae			
S16	狼　Canis lupus chanco Gary	√	√	中国红皮书
F11	熊科　Ursidae			
S17	黑熊　Selenarctors thibetanus mupinensis Heude	√	√	中国红皮书
S18	马来熊　Helarctos malayanus Raffles	√		中国红皮书
F12	鼬科　Mustelidae			
S19	纹鼬　Mustela strigidorsa Gray	√	√	中国红皮书
S20	水獭　Lutra lutra	√		中国红皮书
F13	灵猫科　Viverridae			
S21	大灵猫　Viverra zibetha ashtoni Swinhoe	√	√	中国红皮书
S22	椰子猫　Paradoxurus hermaphroditus Pallas			
S23	斑林狸　Prionodon pardicolor Hodgson	√		中国红皮书
F14	猫科　Felidae			
S24	云猫　Felis marmorate marmorata Martin	√	√	省1级保护中国红皮书
S25	丛林猫　Felis chaus affinis Gray	√		中国红皮书
S26	金猫　Felis temmincki temmincki Vigors et Horsfied	√		中国红皮书
S27	豹猫　Felis bengalensis chinensis Gray	√	√	中国红皮书
S28	云豹　Neofelis nebulosa nebulosi Griffith	√	√	中国红皮书
S29	金钱豹　Psnthera pardus fusca Meyer	√	√	中国红皮书
S30	虎　Panthera tigris corbetti Mazak	√	√	中国红皮书
F15	鹿科　Cervidae			
S31	林麝　Moschus berezovskii caobangis Dao	√	√	中国红皮书
S32	赤麂　Muntiacus muntjak yunnanersis Ma. Wang et Groves	√	√	中国红皮书
S33	小麂　Muntiacus reevesi Ogiby	√		中特
S34	毛冠鹿　Elaphodus cephalophus Cephalophus MilneEdwards	√	√	中特省Ⅱ级
F16	牛科　Bovidae			
S35	鬣羚　Capricornis sumatraensis montinus G. Allen	√	√	中国红皮书
S36	斑羚　Naemorhedus goral goral Milne-Edwards	√	√	中国红皮书
S37	云南兔　Lepus comus G. Allen	√	√	中特
F17	鼯鼠科　Petauristidae			
S40	黑白鼯鼠　Hyloptes alboniger orinus G. Allen	√	√	中国红皮书
S41	橙喉长吻鼠　Dremomys gularis Osgood	√	√	中特
S42	侧纹岩松鼠　Sciurotamias forresti Thoms	√	√	中国特
S43	扫尾豪猪　Atherurus macrourus macrourus Linnaeus	√	√	中国红皮书
F18	鼠科　Muridae			
S44	云南攀鼠　Vernaya fulva G. Allen	√		中特
S45	中华姬鼠　Apodemus sylvaticus Linnaeus	√	√	中特
S46	齐氏姬鼠　Apodemus chevrieri Milne-Edawards	√	√	中国特
S47	大绒鼠　Eothenomys miletus miletus Thomas	√	√	中特
S48	滇绒鼠　Eothenomys Eleusis confinii Hinton	√	√	中特
S49	昭通绒鼠　Eothenomys olitor Thomas	√	√	中特
S50	西南绒鼠　Eothenomys custos Thomas	√	√	中国特
S51	四川田鼠　Microtus millicens Thomas	√	√	中国特

由表 6-11 可知，敏感兽类种类数在建坝前为 50，建坝后为 38。经计算敏感兽类种类数变化率为 24%。根据物种种类适宜性评价等级划分，兽类种类数变化率适宜性为 3 级。

三、漫湾水电站社会经济系统指标计算

（1）发电效益 漫湾平均年发电量为 62 亿千瓦时，静态总投资为 26.6 亿元。漫湾属于西南地区，影子电价为 0.1931 元/千瓦时，根据公式计算，年平均发电效益为 11.97 亿元，累积至 2014 年发电效益为 227.5 亿元。漫湾每年的运行费包括维护费、材料燃油动力费、工资、水费以及其他费用，按照投资的 2% 估算，则每年运行费用为 0.532 亿元，累计至 2014 年运行费用为 10.108 亿元。漫湾成本为 36.7 亿元，则发电效益成本比值为 6.2。漫湾水电站发电效益适宜性等级为 4 级。

（2）耕地占用指数 漫湾库区的经济发展方式为封闭性的自给自足型，当地居民主要从事农业生产，粮食作物的生产占 90% 以上，经济收入的来源主要是耕地。1996 年底，占用耕地 414.97hm^2。建库前，人均耕地为 0.13～2hm^2。建库后，人均耕地为 0.11～1.99hm^2。建库前，库区耕地为 26767hm^2，建库后，耕地占用指数为 1.55%。根据标准，耕地占用指数适宜性等级为 5 级。

四、漫湾水电开发综合评价

综合评价采用多目标线性加权函数法，表 6-12 为漫湾水电站各指标的具体计算过程。

表 6-12 漫湾水电站评价指数

评价指标	等级	权重	评价指数
水质变化率	4	0.09	S_1=0.36
河流脉动指数变化率	4	0.049	S_2=0.196
排沙比变化率	2	0.029	S_3=0.058
鱼类种类变化率	1	0.068	S_4=0.068
鱼类多样性指数变化率	1	0.034	S_5=0.034
浮游植物种类变化率	1	0.068	S_6=0.068
浮游植物多样性指数变化率	1	0.034	S_7=0.034
浮游动物种类变化率	1	0.068	S_8=0.068
浮游动物多样性指数变化率	5	0.034	S_9=0.17
水土流失指数变化率	4	0.068	S_{10}=0.272
动物种类变化率	3	0.042	S_{11}=0.126
耕地占用指数	5	0.001	S_{12}=0.05
发电效益	4	0.003	S_{13}=0.012

将各单因子评价指数排序，$S_1>S_{10}>S_2>S_9>S_4>S_6>S_8>S_3>S_5>S_7>S_{13}>S_{12}$。单项指标适宜性较高的是水质、水土流失指数、河流脉动指数变化率、浮游植物碳流流势指数变化率。将各单因子的评价指数进行加和，则 $S_{总}=1.471$。

在实际运用中，由于数据收集的限制，指标体系中的各指标所需计算数据不尽收集完全。因此，需要根据实际情况对指标体系综合评价进行调整。本书中选取了以上13个指标，将1，2，3，4，5等级和指标响应的权重计算，评价等级划分见表6-13。

表6-13　适宜性评价等级划分

等级	1	2	3	4	5
综合指标值	$0.588\leqslant S<0.882$	$0.882\leqslant S<1.470$	$1.470\leqslant S<2.058$	$2.058\leqslant S<2.646$	$2.646\leqslant S\leqslant 2.940$

由上表可知，漫湾水电开发适宜性为3级，较适宜开发，对环境影响较大，但可通过相应的防治措施减少环境影响。

第五节　大朝山水能资源开发适宜性评价

一、大朝山水电站生态系统指标计算

（1）水质变化　采用2012年4月、7月和9月在大朝山坝址附近D1～D3采样点的数据。从表6-14可得大朝山水电站水质基本处于Ⅰ类水质标准，但总氮含量稍高，属于Ⅳ类标准，则综合水质为Ⅳ类水。大朝山建坝前水质为<Ⅴ类水，建坝后为Ⅳ类水。根据水质适宜性等级划分，大朝山水电站水质适宜性为4级。

表6-14　大朝山水电站水质情况

溶解氧/(mg/L)	总氮/(mg/L)	COD/(mg/L)	pH	氨氮/(mg/L)
8.28	1.02	5.48	8.24	0.14

（2）浮游植物种类适宜性　建坝后收集到的浮游植物有绿藻门、蓝藻门、硅藻门、甲藻门、裸藻门和隐藻门。三个月份共有的浮游植物有以下几类。绿藻门：小球藻属（*Chlorella*）、微小四角藻（*Tetraedron minimum*）、双对栅藻（*Scenedesmus bijuga*）。硅藻门：尖针杆藻（*Synedra acus*）、钝脆杆藻（*Frilaria capucina*）、舟形藻属（*Navicula*）、小环藻属（*Cyclotella*）、扁圆卵形藻（*Cocconeis placentula*）、颗粒直链藻（*Melosiran granulata*）、曲壳藻属（*Achnanthes*）、桥弯藻属（*Cymbella*）、卵圆双眉藻（*Amphora ovalis*）。甲藻门：坎宁顿拟多甲藻（*Peridinium cunningtonii*）。如图6-1所示，各月份硅藻门所含种类数最多，并且各月份硅藻门种类数变化不大。绿藻门的种类数于4月

最大，有 18 种，之后 7 月、9 月采集的绿藻门种类数逐渐减少。从种类随时间变化来看，蓝藻门种类数变化不大，在三个月分别有 3 种、3 种、2 种。甲藻门和隐藻门的种类数较少，7 月未发现隐藻门植物。9 月未发现裸藻门植物。

2012 年 4 月、7 月、9 月浮游植物种类数分别为 44 种、27 种和 21 种，平均为 31 种，建坝前的浮游植物数据由漫湾水电站的数据代替。浮游植物种类变化率为 64.8%，适宜性等级为 1 级。

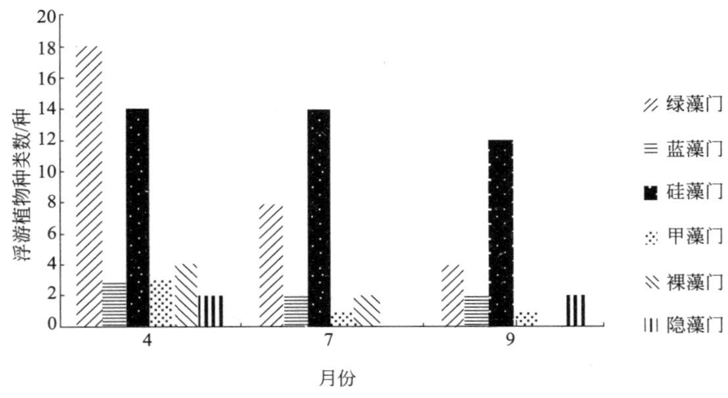

图 6-1　大朝山水电站 2012 年浮游植物种类

(3) 浮游植物多样性指数适宜性　建坝前浮游植物多样性指数的计算由于数据有限而根据分门类计算，为了保持数据基础一致，建坝后的浮游植物多样性指数也按照门类计算。浮游植物各门类数量见表 6-15，表中，4 月浮游植物数量最多，并且随着时间的变化而逐渐减少。4 月、7 月、9 月平均值中，硅藻门数量最多，其次是绿藻门，接着是蓝藻门。计算建坝后 2012 年 4 月、7 月、9 月浮游植物多样性指数分别为 1.3、0.78、0.88，平均值为 0.99。建坝前的浮游植物数据采用漫湾水电站 1984 年的浮游植物多样性指数为 0.12，则浮游植物多样性指数变化率为 725%，适宜性等级为 1 级。

表 6-15　大朝山水电站浮游植物各门类个体数量　　单位：个/L

门	4 月	7 月	9 月	平均
绿藻门	2672	41	40	918
蓝藻门	183	932	374	496
硅藻门	2335	1081	145	1187
甲藻门	450	1	1	151
裸藻门	29	2	0	16
隐藻门	790	0	9	400

(4) 浮游动物种类数变化适宜性　建坝后收集到的浮游动物有原生动物、轮虫、枝角类、桡足类。2012 年 4 月、7 月、9 月采集的浮游动物中，能识别出来的种类见表 6-16～表 6-18。浮游动物中轮虫纲种类最多，其次是枝角类。4 月浮

游动物种类与7月、9月数量相差较大，9月未发现桡足类物种。2012年4月、7月、9月浮游动物种类数分别40种、15种和9种，平均值为21种。浮游动物种类数变化率为55.3%，适宜性等级为1级。

表6-16　大朝山水电站2012年4月浮游动物种类

纲	属	种
轮虫	多肢轮虫属	广布多肢轮虫
		针簇多肢轮虫
	异尾轮虫属	等刺异尾轮虫
		真足哈林轮虫
	须足轮虫属	三翼须足轮虫
	龟甲轮虫属	曲腿龟甲轮虫
		螺形龟甲轮虫
		晶体皱甲轮虫
		裂痕龟纹轮虫
	臂尾轮虫属	萼花臂尾轮虫
		裂足臂尾轮虫
	疣毛轮虫属	尖尾疣毛轮虫
	皱甲轮虫属	晶体皱甲轮虫
		郝氏皱甲轮虫
		曲腿龟甲轮虫
		臂三肢轮虫
		蹄形腔轮虫
	哈林轮虫属	真足哈林轮虫
		曲腿龟甲轮虫
		锯齿龟甲轮虫
	聚花轮虫属	一角聚花轮虫
	三肢轮虫属	长刺异尾轮虫
		蹄形腔轮虫
		小三肢轮虫
	腔轮虫属	真足哈林轮虫
	龟纹轮虫属	晶体皱甲轮虫
枝角类	象鼻溞属	幼虫
		柯氏象鼻溞
		脆弱象鼻溞
		简弧象鼻溞
		长额象鼻溞
	低额溞属	透明溞
		小栉溞
	基合溞属	颈沟基合溞
	溞属	大型溞
	网纹溞属	美丽网纹溞
桡足类	剑水溞目	跨立小剑水溞
	猛水溞目	沟渠异足猛水溞
		模式有爪猛水溞
	哲水溞目	汤匙华哲水溞
合计	20	40

表 6-17　大朝山水电站 2012 年 7 月浮游动物种类

纲	属	种
轮虫	同尾轮虫属	奇异巨腕轮虫
	帆叶轮虫属	叶状帆叶轮虫
	皱甲轮虫属	晶体皱甲轮虫 郝氏皱甲轮虫
	多肢轮虫属	针簇多肢轮虫
	鞍甲轮虫属	卵形鞍甲轮虫
枝角类	象鼻溞	柯氏象鼻溞 简弧象鼻溞 脆弱象鼻溞 长额象鼻溞
	平直溞属	三角平直溞
	锐额溞属	吻状锐额溞
	尖额溞属	近亲尖额溞
桡足类	哲水溞目	中华窄腹水溞
	剑水溞目	短刺近剑水溞
合计	11	15

表 6-18　大朝山水电站 2012 年 9 月浮游动物种类

纲	属	种
原生动物	鳞壳虫属	结节鳞壳虫
轮虫	帆叶轮虫属 龟纹轮虫属 腔轮虫属 多肢轮虫属 梨壳虫属 三足虫 皱甲轮虫属 无柄轮虫属	叶状帆叶轮虫属 裂痕龟纹轮虫 蹄形腔轮虫 针簇多肢轮虫 胡梨壳虫 斜口三足虫 晶体皱甲轮虫 卵形无柄轮虫
合计	9	9

(5) 浮游动物多样性指数适宜性　建坝前浮游动物多样性指数按照纲类进行计算，为保持衡量标准一致，建坝后的多样性指数也按照纲类计算，具体数据见表 6-19。表中，枝角类个体数量平均最多，其次是轮虫。建坝后 2012 年 4 月、7 月、9 月浮游动物多样性指数分别为 0.72、0.81、0.71，平均值为 0.75；建坝前 1984 年浮游动物多样性指数采用漫湾计算的结果为 0.69。浮游动物多样性指数变化率为 8.70%，适宜性等级为 4 级。

表 6-19　大朝山 2012 年浮游动物个体数量　　单位：个/L

纲类	4 月	7 月	9 月	平均
原生动物	0	145	55	100
轮虫	12290	554	151	4332
枝角类	15079	1893	7	5660
桡足类	162	58	0	110

水土流失强度指数主要与多年平均降雨侵蚀力有关，大朝山水电站距漫湾水电站直线距离70km，气候条件相差不大，计算水土流失强度指数所涉及的参数基本一致，故大朝山水电站水土流失强度指数变化适宜性等级为4级。

二、大朝山水电站社会经济系统指标计算

（1）发电效益　大朝山水电站的静态投资为35.3亿元，年发电量为63.83亿千瓦时，大朝山与漫湾同属西南地区，影子电价为0.1931元/千瓦时，根据公式计算，年平均发电效益为12.33亿元，大朝山于2003年正式投产，运行至2014年发电效益为135.6亿元。大朝山水电站每年的运行费包括维护费、材料燃油动力费、工资、水费以及其他费用，按照投资的2%估算，则每年运行费用为0.796亿元，累计至2014年运行费用为7.77亿元。大朝山水电站成本为43.07亿元，本益比为3.15，适宜性等级为4级。

（2）耕地占用指数　大朝山水库建设淹没耕地6225hm^2。建库前，人均耕地0.13～2hm^2，建库后，人均耕地为0.11～1.99hm^2。建库前，库区耕地为439900hm^2，建库后，耕地占用指数为1.42%。大朝山水电站耕地占用适宜性等级为5级。

三、大朝山水电站水电开发综合评价

根据各指标的权重进行计算，再将单因子评价等级加和，得到大朝山水电站的评价等级$S_{总}=0.955$。在实际运用中，由于数据收集的限制，指标体系中的各指标所需计算数据不尽收集完全。因此，需要根据实际情况对指标体系综合评价进行调整。大朝山水电站选取了以上8个指标，将1、2、3、4、5等级和指标响应的权重计算，评价等级划分见表6-20。根据以上等级划分，大朝山水电站对环境的影响与漫湾类似，适宜性等级为3级。

表6-20　大朝山适宜性评价等级划分

等级	1	2	3	4	5
综合指标值	$0.366\leqslant S<0.549$	$0.549\leqslant S<0.915$	$0.915\leqslant S<1.281$	$1.281\leqslant S<1.647$	$1.647\leqslant S\leqslant 1.830$

第六节　梯级水能资源开发适宜性评价

梯级水电开发对生态环境的影响具有空间上的累积性。梯级水电对生态环境的累积影响具有复杂性，需要对此进行讨论。梯级电站各单级水电站的累积效应，是指一个水电项目与过去、现在和未来可能预见到的水电项目，对环境产生

综合效应。梯级水电站的联合运行和调度可能对单级水电站对环境的影响进行削减或者放大。水电站的修建会对河流的水温产生影响，产生分层的现象，而梯级水电站的修建则会加剧这一现象。对于地质环境，水电站水库的修建可能诱发地震、滑坡，尤其在地质环境脆弱的区域容易出现这种情况。而梯级水电站的修建，可能会因为水电站之间的相互作用改变地震和滑坡的诱发条件，引发更剧烈的地质运动。另外，与单级水电项目的实施阶段相比，梯级水电项目实施阶段施工期更长，移民安置难度更大，施工开挖土石方量更多，因此影响的时空强度更大。

梯级水电站将连续的河流生态系统分割成彼此相似的生态系统，并且其生境片段化随着水电站修建的密度增大而加强。水电站尤其是梯级水电站的建设，对河流的水文情势（包括频率、径流量、周期等）以及水力的时空变化产生影响。河流的基本特性受到影响后，水生生物的生存条件如生境也随之发生改变。以洄游鱼类为例，大坝阻截了洄游鱼类的生物通道，妨碍其迁移，阻断其种群间的基因交流，最终可能出现洄游鱼类灭绝的现象。梯级大坝的建设进一步加深了这种影响，若一些洄游鱼类能够顺利通过一个大坝，但是很可能被下一个大坝阻截。因此梯级大坝每一级大坝对洄游鱼类的影响力是相同的。

当生态系统还未充分从第一次扰动产生的效应中恢复过来时，新的扰动再次发生，将会叠加在前一次上，导致在时间和空间上的环境累积效应。梯级水电可以通过加和或者交互协同的作用产生累积效应。建立梯级水电适宜性评价公式，由于梯级水电站的影响效应随着水电站的建设密度而有所不同，因此加入了水库/河流长度比。进行梯级水电评价之前，需要将原等级 1、2、3、4、5 归一化为 1、0.75、0.5、0.25、0，并且单级水电综合评价数值进行换算。

$$S_t = S_1' \times \cdots S_n' \times \frac{l_1 + \cdots l_n}{L} \tag{6-3}$$

式中，S_t 指梯级水电等级数值；S_n' 表示归一化后第 n 个梯级水电站；l_n 表示水电站水库长度；L 表示梯级水电站第一级水库库尾到第 n 级水库库首的河流长度。

计算了漫湾-大朝山水电站各自的适宜性等级，它们组成的梯级水电开发对环境的影响需要在各自的评价基础上进行综合。

在进行梯级水电计算之前，我们需要对漫湾和大朝山的计算结果进行换算。等级 1、2、3、4、5 分别归一化转换成 1、0.75、0.5、0.25、0 这样 1～0 的数值，这样换算后越数值接近 0，就说明水电开发对环境的影响越小。经过换算后，漫湾水电站总评价值 $S_M'=0.367$，大朝山水电站总评价值 $S_D'=0.219$，相应地，它们各自水电开发适宜性等级划分标准也要做出相同的换算，结果依然为3级。漫湾水电站水库长60km，大朝山水电站水库长40km，漫湾水库库尾至大朝山水库库首长度为191km，计算出水库/河流长度比为0.52，根据表6-21得出水库/河流长度比等级为3级。

表 6-21 水库/河流长度比等级划分标准

等级	1	2	3	4	5
数值	0.8～1	0.6～0.8	0.4～0.6	0.2～0.4	0～0.2

将漫湾水电站适宜性等级划分、大朝山水电站适宜性等级划分和水库/河流长度比等级划分标准进行相乘计算出梯级水电适宜性等级划分标准。采用梯级水电站适宜性计算公式进行漫湾-大朝山梯级水电适宜性等级计算。梯级水电站总评价值为0.080，根据表6-22，则漫湾-大朝山梯级水电站适宜性等级为3级。说明漫湾-大朝山梯级水电站的修建对生态系统有明显的干扰，尤其是对水生态系统的影响最为显著。但其运行带来的巨大发电效益让人们难以对其舍弃，目前漫湾水电站和大朝山水电站已经收回成本，加上陆续建设的其他水电站，联合运行时发电量将会大大增加，产生的效益也随之增加。

表 6-22 梯级水电站适宜性等级划分

等级	1	2	3	4	5
综合指标值	$0.165<S\leqslant 0.215$	$0.084<S\leqslant 0.165$	$0.030<S\leqslant 0.084$	$0.003<S\leqslant 0.030$	$0\leqslant S\leqslant 0.003$

参 考 文 献

[1] 地表水环境质量标准（GB 3838—2002）[S]．北京：中国环境科学出版社，2002.

[2] 土壤侵蚀分类分级标准（SL-190-2007）[S]．北京：中国水利水电出版社．2008.

[3] 王淑英，王浩，高永胜等．河流健康状况诊断指标和标准 [J]．自然资源学报，2011，26（4）：591-598.

[4] 耿雷华，刘恒，钟华平等．健康河流的评价指标和评价标准 [J]．水利学报，2006，37（3）：253-258.

[5] 禹雪中，夏建新，杨静等．绿色水电指标体系及评价方法初步研究 [J]．水力发电学报，2011，30（3）：71-77.

[6] 田光进，周全斌，赵晓丽等．中国城镇扩展占用耕地的遥感动态监测 [J]．自然资源学报，2002，17（4）：476-480.

[7] 杨静．绿色水电指标体系及评估方法初步研究 [D]．北京：中央民族大学，2009.

[8] 云南澜沧江漫湾水电站库区生态环境与生物资源 [M]．昆明：云南科技出版社，2000.

[9] 付保红．漫湾电站库区耕地变化对移民收入和库区生态的影响 [J]．国土与自然资源研究，2004（4）：45-46.

［10］ 翟红娟．纵向岭谷区水电工程胁迫对河流生态完整性影响的研究［D］．北京：北京师范大学，2009.

［11］ 付雅琴，张秋文．梯级与单项水电工程生态环境影响的类比分析［J］．水力发电，2008，33（12）：5-9.

［12］ 钟华平，刘恒，耿雷华．怒江水电梯级开发的生态环境累积效应［J］．水电能源科学，2008，26（1）：52-55.

［13］ 薛联青．流域水电梯级开发环境影响成本辨识及其动态评估理论［D］．南京：河海大学，2001.

第七章　流域尺度水能资源开发适宜性评价

第一节　怒 江 概 况

怒江发源于青藏高原唐古拉山南麓西藏自治区那曲地区安多县境内，河源山峰为海拔 6070m 的吉热格帕山（将美尔岗朵楼冰川），怒江流域在中国境内位于东经 91°10′～100°15′、北纬 23°5′～32°48′之间。怒江自西藏流入云南，纵贯云南省西部，在潞西县流出国境，出国后称为萨尔温江，流经缅甸、泰国入海，是一条较大的国际性河流。

在我国境内，怒江干流河段全长 2020km，其中西藏境内长为 1401km，云南境内长为 619km；怒江流域面积为 125500km^2，其中西藏境内为 103600km^2，云南境内为 21900km^2。

怒江流域地势西北高、东南低，自西北向东南倾斜。地形、地貌复杂，高原、高山、深谷、盆地交错。按流域地形、地势和气候特征的异同，大体可分为青藏高原区、横断山纵谷区和云贵高原区。

（1）青藏高原区　本区为怒江上游，地处青藏高原东南部，地势高亢、气候寒冷干燥，怒江从河源流经安多盆地，穿流在错那湖、黑河盆地的湖泊、沼泽区之间，河谷开阔，纵比降小，水流缓慢，流向东偏南。两岸是 5500～6000m 的高山，属高原地貌，现代冰川发育。黑河桥以下，源于两侧高山冰川的支流先后汇入，河床是松散的冰川沉积物，并有阶地。支流索曲汇入口以下两岸山丘渐近河床，沿河宽谷与窄谷相间，至嘉玉桥河段逐渐过渡为峡谷河道。本区属典型的高原气候亚湿润区（河源则为高原气候干旱区），气候寒冷干燥，植被以荒漠草甸为主。

（2）横断山纵谷区　怒江从青藏高原流出后进入藏东南横断山纵谷区，流向转为东南。南北两侧高山有海拔在 5000～5500m 以上的雪山与冰川，主流在高差达 2000～3000m 的深切河谷中行进，河道纵比降加大，水流湍急，水面变狭，仅

100m 左右，两岸少有台地或阶地。怒江进入滇西南横断山区后，流向正南，纵贯云南西部，与澜沧江并流南下，西为高黎贡山，东为怒山山脉-碧罗雪山，形成高山夹江之势，流域最窄处东西向宽仅 21km，谷窄水急，两侧高山支流众多，直接注入干流，形成“非”字形水系结构。山岭被切割成深谷，谷岭相间，高差达 3000m 以上。

由于地形影响，本区气候在水平和垂直方向差异很大，立体气候明显。海拔较高的高山地区属温带及寒带气候，河谷则属亚热带亚湿润区，其余地区为亚热带湿润区。植被以森林、草甸为主。

（3）云贵高原区　本区为六库以南，怒江进入中山宽谷区后，两侧山势渐低，3000m 等高线以下为山丘、盆谷、坝子地形，怒江西侧的高黎贡山终于滇西南的龙陵地区，被丘陵盆地所代替，地势相对和缓，海拔 1700～2000m。怒江东侧的碧罗雪山终于滇西南的保山以南，海拔高程在 1000～2000m 之间。本区属滇西亚热带山地湿润气候和南亚热带湿润气候，年温差较小，有“四季如春”之称。植被以热带雨林和常绿阔叶林为主。

第二节　基于法律法规约束的水能资源开发适宜性一次评价

根据国家有关法律法规和制度，自然保护区、森林公园、风景名胜区等，都对建设行为进行相应限制，规划期的水能资源开发活动应遵守相关法律法规的约束。目前，我国相关的法律法规对区域内建设行为的规定如下。

1.《中华人民共和国自然保护区条例》

第三十二条　在自然保护区的核心区和缓冲区内，不得建设任何生产设施。在自然保护区的实验区内，不得建设污染环境、破坏资源或者景观的生产设施；建设其他项目，其污染物排放不得超过国家和地方规定的污染物排放标准。在自然保护区的实验区内已经建成的设施，其污染物排放超过国家和地方规定的排放标准的，应当限期治理；造成损害的，必须采取补救措施。

在自然保护区的外围保护地带建设的项目，不得损害自然保护区内的环境质量；已造成损害的，应当限期治理。

限期治理决定由法律、法规规定的机关作出，被限期治理的企业事业单位必须按期完成治理任务。

2.《云南省自然保护区管理条例》

第十六条　在自然保护区的实验区内从事开发建设的，必须进行环境影响评价，编制环境影响报告书（表），总投资在 100 万元以下的环境影响报告书（表），报县（市）环境保护行政主管部门审批；总投资在 100 万元以上 1000 万元以下的环境影响报告书（表），报地、州、市环境保护行政主管部门审批；总投资在1000万元以上的或者进入省级以上自然保护区的环境影响报告书（表），报省环境保护行政主管部门审批。

3.《国家级森林公园管理办法》

第十三条　国家级森林公园内的建设项目应当符合总体规划的要求，其选址、规模、风格和色彩等应当与周边景观及环境相协调，相应的废水、废物处理和防火设施应当同时设计、同时施工、同时使用。

国家级森林公园内已建或者在建的建设项目不符合总体规划要求的，应当按照总体规划逐步进行改造、拆除或者迁出。

在国家级森林公园内进行建设活动的，应当采取措施保护景观和环境；施工结束后，应当及时整理场地，美化绿化环境。

第十八条　在国家级森林公园内禁止从事下列活动：

（一）擅自采折、采挖花草、树木、药材等植物；

（二）非法猎捕、杀害野生动物；

（三）刻划、污损树木、岩石和文物古迹及葬坟；

（四）损毁或者擅自移动园内设施；

（五）未经处理直接排放生活污水和超标准的废水、废气，乱倒垃圾、废渣、废物及其他污染物；

（六）在非指定的吸烟区吸烟和在非指定区域野外用火、焚烧香蜡纸烛、燃放烟花爆竹；

（七）擅自摆摊设点、兜售物品；

（八）擅自围、填、堵、截自然水系；

（九）法律、法规、规章禁止的其他活动。

国家级森林公园经营管理机构应当通过标示牌、宣传单等形式将森林风景资源保护的注意事项告知旅游者。

4.《风景名胜区条例》

第二十六条　在风景名胜区内禁止进行下列活动：

（一）开山、采石、开矿、开荒、修坟立碑等破坏景观、植被和地形地貌的活动；

（二）修建储存爆炸性、易燃性、放射性、毒害性、腐蚀性物品的设施；

（三）在景物或者设施上刻划、涂污；

（四）乱扔垃圾。

第二十七条　禁止违反风景名胜区规划，在风景名胜区内设立各类开发区和在核心景区内建设宾馆、招待所、培训中心、疗养院以及与风景名胜资源保护无关的其他建筑物；已经建设的，应当按照风景名胜区规划，逐步迁出。

第二十八条　在风景名胜区内从事本条例第二十六条、第二十七条禁止范围以外的建设活动，应当经风景名胜区管理机构审核后，依照有关法律、法规的规定办理审批手续。

在国家级风景名胜区内修建缆车、索道等重大建设工程，项目的选址方案应当报国务院建设主管部门核准。

第二十九条　在风景名胜区内进行下列活动，应当经风景名胜区管理机构审核后，依照有关法律、法规的规定报有关主管部门批准：

（一）设置、张贴商业广告；

（二）举办大型游乐等活动；

（三）改变水资源、水环境自然状态的活动；

（四）其他影响生态和景观的活动。

第三十条　风景名胜区内的建设项目应当符合风景名胜区规划，并与景观相协调，不得破坏景观、污染环境、妨碍游览。

在风景名胜区内进行建设活动的，建设单位、施工单位应当制定污染防治和水土保持方案，并采取有效措施，保护好周围景物、水体、林草植被、野生动物资源和地形地貌。

根据国家有关法律法规和制度，在自然保护区、森林公园、风景名胜区等区域内，均限制截留水体、改变地形地貌等行为，因此获得如图 7-1 所示的一次评价结果，列为禁止开发区域内的河段，应禁止进行水电开发，列为二次评价区域的河段，应进行二次或三次评价，以获得更为详尽的结果。

水能资源开发一次性评价结果见图 7-1。

基于上述评价结果，如表 7-1 所示规划电站处于禁止开发河段，应调整相应的建设规划。

表 7-1　一次评价不适宜开发电站

名称	装机容量	年发电/亿千瓦	类型
石挡	240.000	11.950	中型
熊龙	135.000	6.720	中型
雪布拉腊卡	260.000	12.760	中型
丙中洛	1600.000	82.210	大型
孔美	270.000	13.510	中型
斯达	140.000	6.970	中型
巴坡	84.000	4.210	中型
通王洞河口	300.000	15.470	大型
勐乃河四级	63.000	3.590	中型
勐乃河五级	63.000	3.740	中型

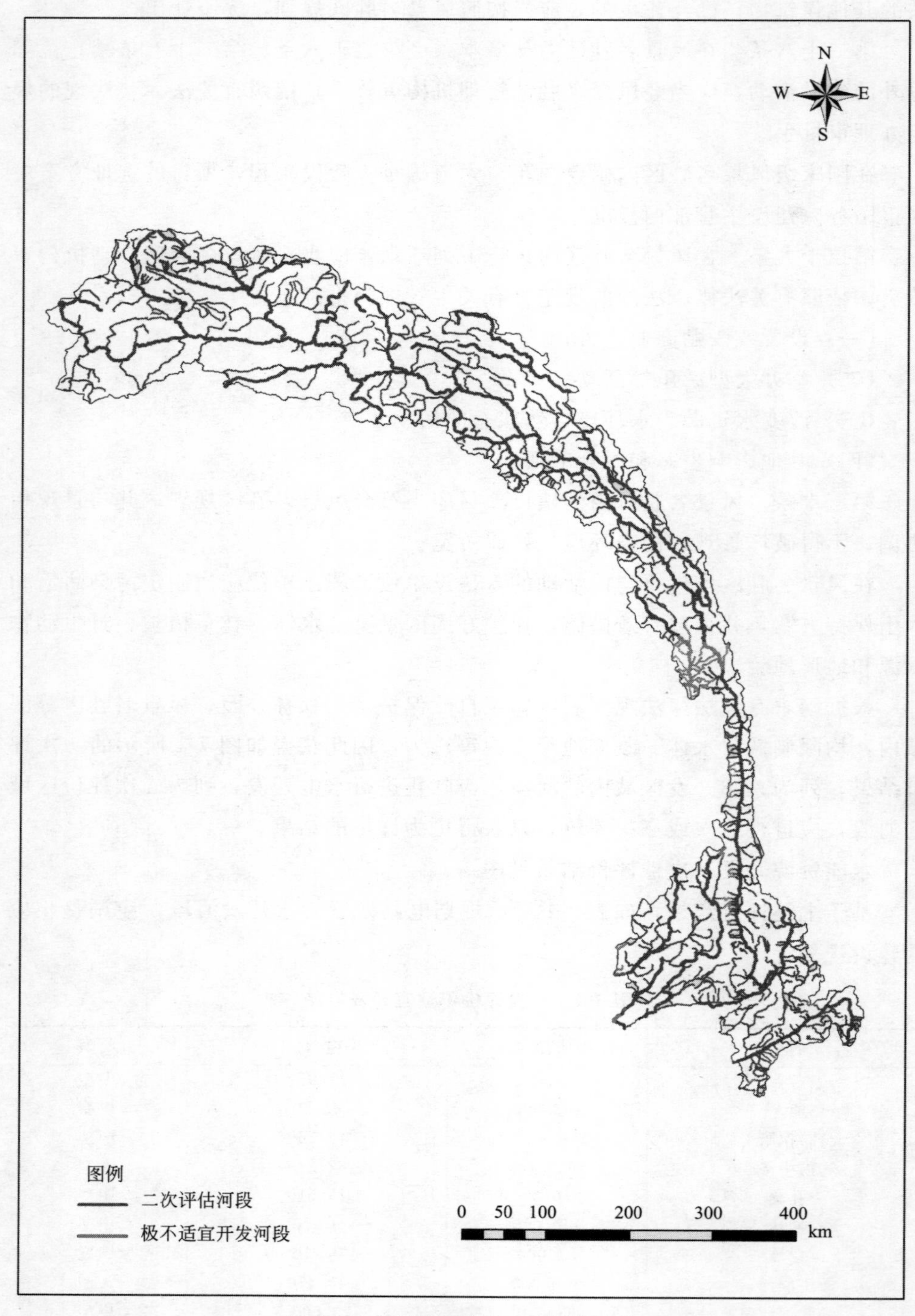

图 7-1　水能资源开发一次评价结果

第三节　基于生态约束的水能资源开发适宜性二次评价

对鱼类栖息地的破坏是水能资源开发的最主要负面生态影响，这里主要考虑水能资源开发对于鱼类栖息地的影响。主要考虑云纹鳗鲡、角鱼、缺须盆唇鱼、长丝黑鮡4 种被评价为极敏感的鱼类，将其栖息地列为禁止开发河段。怒江鱼类生态敏感度评价表见表 7-2。

表 7-2　怒江鱼类生态敏感度评价表

物种名	拉丁名	是否急流	是否特有	是否洄游	IUCN 等级	总计得分	敏感度
云纹鳗鲡	Anguillidae nebulosa McClilland	N	N	Y3	EN 5	8	极敏感
角鱼	Akrokolioplax bicornis Wu	N	Y3	N	EN 5	8	极敏感
缺须盆唇鱼	Garra cryptonemus Cui et Li	N	Y3	N	EN 5	8	极敏感
长丝黑鮡	Gagata dolichonema He	Y2	Y3	N	VU 4	9	极敏感

注：敏感度分值 0～1 分为不敏感，6.4 分为敏感，5～7 分为较敏感，7 分以上为极敏感。

云纹鳗鲡（学名：*Anguilla nebulosa*）为鳗鲡科鳗鲡属的鱼类，属典型的江河洄游性鱼类。即在海里繁殖的幼鱼，溯河进入江河干支流肥育、生长、发育，成熟后再回到海里繁殖。云纹鳗鲡往往上溯至江河干支流的上游，常栖息于深涧、溪潭等乱石洞穴中，多在夜间活动，性凶猛。在怒江的主要索饵洄游区域为潞江坝以下干支流。

角鱼（学名：*Epalzeorhynchos bicornis*）属鲤科野鲮亚科角鱼属，为小型淡水鱼类，主要栖息于底质多岩石清水江河的下层，刮食着生藻类。体形较小，体长一般 100～150mm。分布于于怒江下游的泸水县及保山县。

缺须盆唇鱼（学名：*Placocheilus cryptonemus*）为鲤科盆唇鱼属的鱼类，体近筒形，尾部略侧扁，腹部扁平。吻圆钝，吻端无珠星。吻皮边缘布满微细乳突并分裂成流苏。下唇宽阔，形成一圆形吸盘，后缘薄而游离，中央隆起成一轮廓不清的肉质垫，无马蹄形隆起皮褶，其前缘厚且成为一条横向突起。吻皮止于口角，不与下唇相连，与下唇的侧叶有一缺刻相间。无须。眼小，侧上位。腹鳍之前的胸腹部完全裸露无鳞。尾鳍中央无黑色纹。体长 110mm。喜栖息于清水小河，伏居于岩石间隙中，刮食岩石表面周丛生物。主要分布于泸水县境内。

长丝黑鮡（学名：*Gagata dolichonema*）为辐鳍鱼纲鲶形目鮡科鱼类，为热

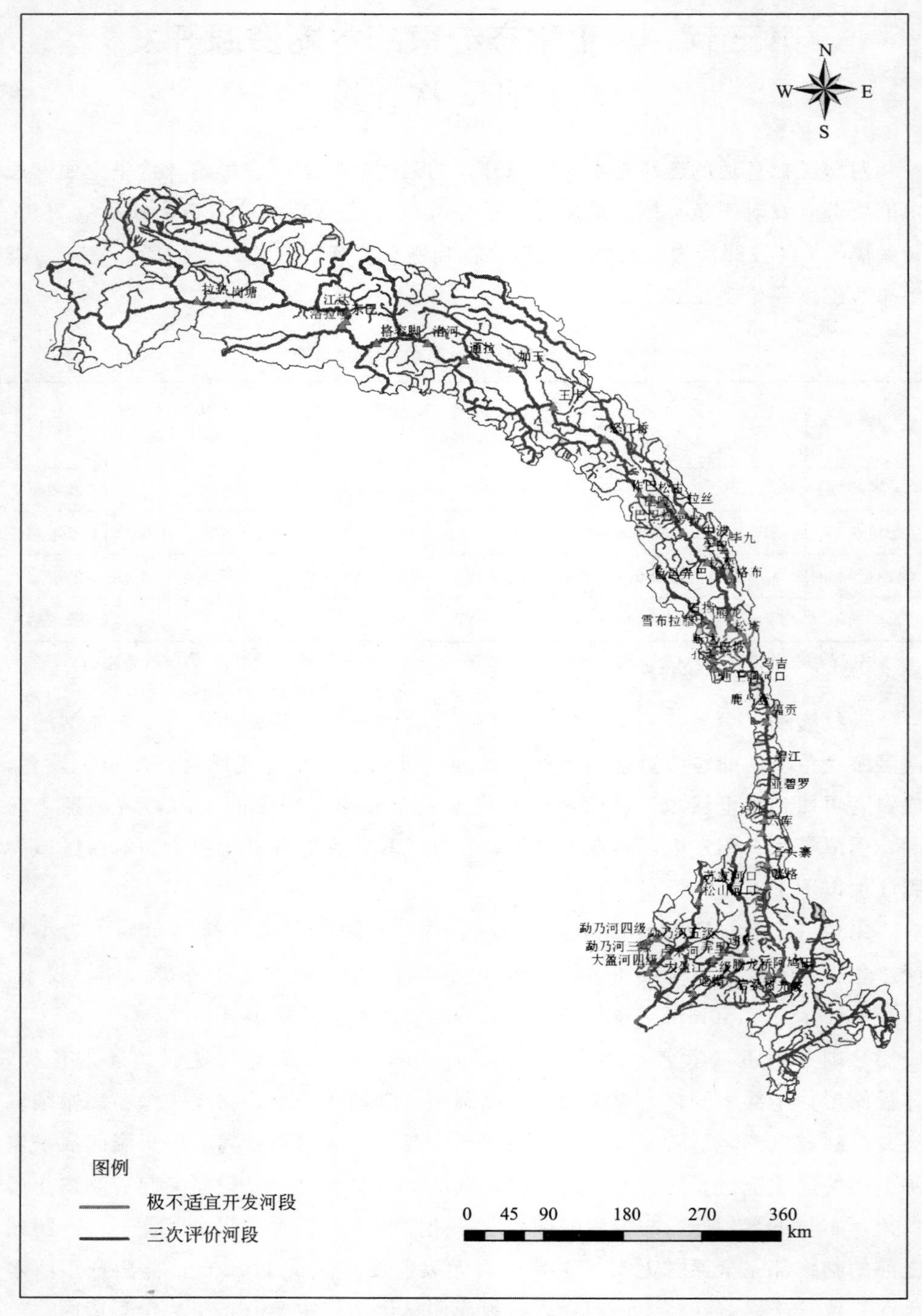

图 7-2　水能资源开发二次评价图

带淡水鱼，体长可达13cm，栖息在大河底中层水域，生活习性不明。体长形，侧扁，背侧窄而头躯腹面宽平。头侧扁，骨嵴蒙薄皮。吻钝，较眼径长。眼大。鼻孔间有短须；上颌须达胸鳍基且内缘具皮膜。唇后有横列4根下颏须。鳃孔达头腹面。鳃膜连鳃峡。口横裂，下位。齿绒状，腭骨无齿。唇有璁突。侧线前段高。为生活于喜马拉雅山南麓和横断山西部山溪底层的小型鱼类。喜以头躯腹面隐伏于水底岩石表面，以冲跳式动作捕食和游动。主要分布于保山县。

上述4种鱼类只有云纹鳗鲡为长距离洄游性鱼类，如果其洄游通道阻塞将影响其生殖繁衍，其余鱼类主要分布于清水支流中，生境替代性较强，修建大坝后易获得替代性栖息地。

基于上述生态限制因素，怒江流域二次评价结果如图7-2所示。

综合一次评价结果，二次评价不适宜开发电站见表7-3。

表7-3　二次评价不适宜开发电站

名称	装机容量	年发电/亿千瓦	类型	评价阶段
石挡	240	11.95	中型	一次评价
熊龙	135	6.72	中型	一次评价
雪布拉腊卡	260	12.76	中型	一次评价
丙中洛	1600	82.21	大型	一次评价
孔美	270	13.51	中型	一次评价
斯达	140	6.97	中型	一次评价
巴坡	84	4.21	中型	一次评价
通王洞河口	300	15.47	大型	一次评价
勐乃河四级	63	3.59	中型	一次评价
勐乃河五级	63	3.74	中型	一次评价
岩桑树	1000.000	52.100	大型	二次评价
光坡	700.000	38.100	大型	二次评价

第四节　基于系统权衡的水能资源开发适宜性三次评价

一、怒江流域水能资源因子评价

基于DEM，通过ArcGIS中的水文分析模块，提取河网，计算沿河流方向单位长度坡降，建立河流分级体系，用单位长度坡降乘以河流分级表示单位长度河流水能资源蕴藏量。数字化河网见图7-3。

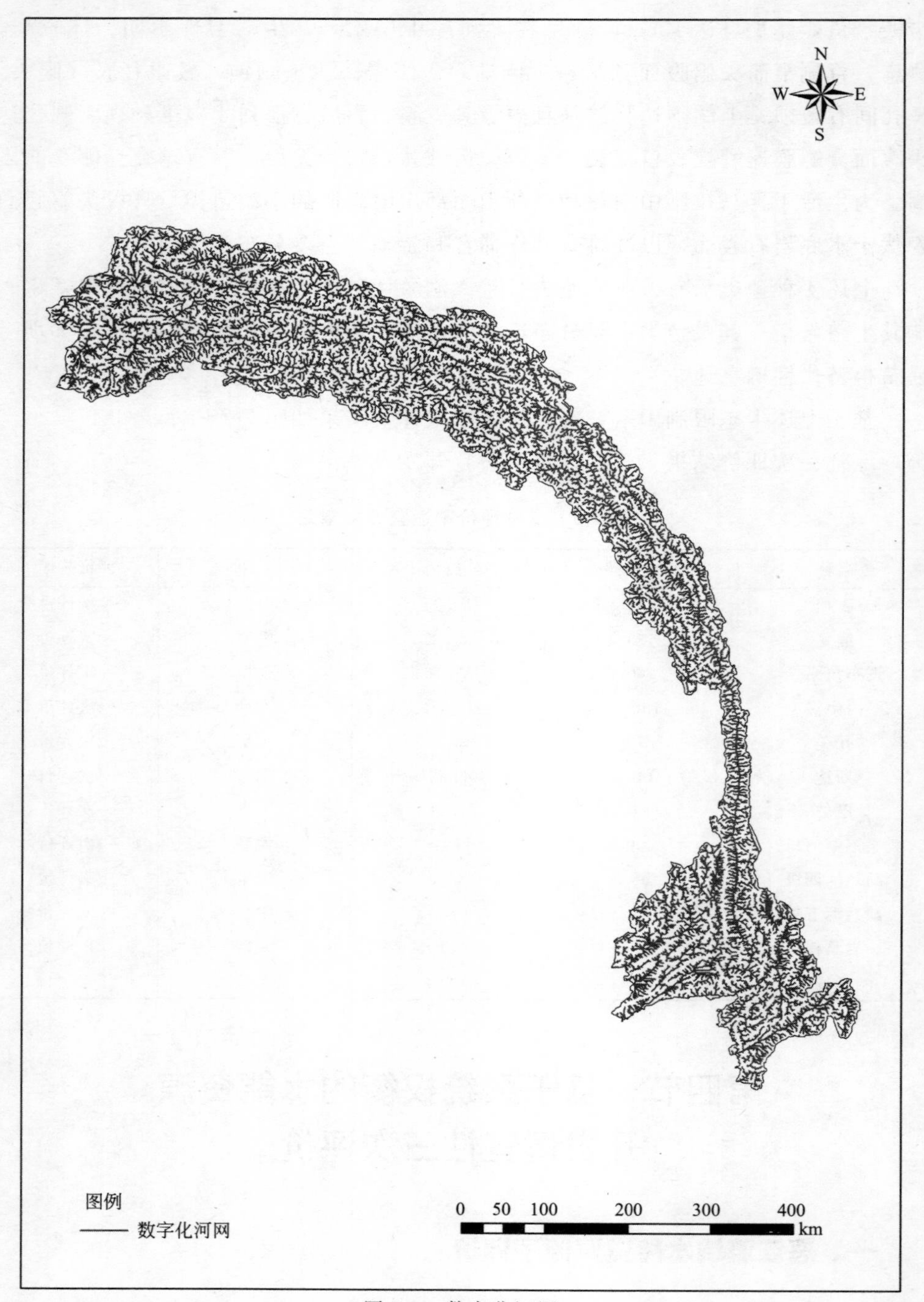

图 7-3 数字化河网

根据河流的流量、形态等因素进行河流的分级，而基于 DEM 提取的河网的分支具有一定的水文意义。利用地表径流模拟的思想，不同的级别的河网首先是它们所代表的汇流累积量也不同，级别越高的河网，其汇流累积量也越大。河流分区发电能力见图 7-4。

图 7-4　河流分区发电能力

二、怒江流域生态因子评价

从热量水平的分布来看，从北到南，澜沧江流域的植被分属于两个植被区域，亚热带常绿阔叶林区域和热带季雨林、雨林区域。在亚热带常绿阔叶林区域中，受水文条件的限制，澜沧江流域的植被又属于西部半湿润常绿阔叶林亚区域，在西部半湿润常绿阔叶林亚区域中，受热量条件好地形条件的差异，又分为三个植被带，即中亚热带常绿阔叶林地带、南亚热带季风常绿阔叶林地带和亚热带寒温针叶林地带。在热带季雨林、雨林区域中，同样受水分条件的限制，澜沧江流域的热带植被属于西部偏干性热带季雨林、雨林亚区域中的北热带季节雨林、半常绿季雨林地带。这里以水电开发造成的植被健康指数的变化量化生态成本。

NOAA/6 装载 AVHRR。通道 1（CH1）可见光波段（VIS），波长 0.58～0.68μm，典型的正常植被在 CH1 具有强吸收特点，由通道 1 探测的地面植被反射率非常低；通道 2（CH2）近红外波段（NIR），波长 0.725～1.1μm，正常植被在 CH2 具有强反射特点，通道 2 对地面植被的响应非常强；通道 4（CH4）热红外波段（TIR），波长 10.3～11.3μm，可用查找表转换为亮度温度（BT）。通道 1、2 合成的植被指数反映了植被的生长状况，在已研究发展的 40 多个植被指数中应用最广的是归一化植被指数（NDVI）。NDVI 的计算公式是

$$NDVI=(CH2-CH1)/(CH2+CH1)$$

为了消除部分云和大气的干扰，用最大值合成法，每个像元取该像元每 7 天的最大值，生成 7 天合成的 AVHR/NDVI 数据。并对 NDVI 和 BT 数据进行滤波处理消除高频噪声。本研究所用数据来自 NASA 地球观测系统数据与信息中心（EOSD IS）Global Vegetation Index 数据集。

气候和生态系统不同地区的 NDVI 和 BT 值不具有可比性，气候和管理措施较好的地区，生物量和产量较高，不能与生产潜力低的地区进行比较。为此 Kogan（1995）提出用各地区每周的植被状态指数 VCI、温度状态指数 TCI 和 VCI、TCI 的合成值 VHI 来反映环境因子对植被的影响。

植被状态指数 VCI 反映水分对植被影响的程度，定义为

$$VCI=(NDVI-NDVI_{min})/(NDVI_{max}-NDVI)\times 100$$

温度状态指数 TCI 反映温度对植被影响的程度，定义为

$$TCI=(BT_{max}-BT)/(BT_{max}-BT_{min})\times 100$$

植被生长状态指数 VHI 反映温度和水分条件联合作用下对植被影响的程度，定义为

$$VHI=a(VCI)+(1-a)(TCI)$$

式中，a 为控制 VCI 和 TCI 对 VHI 影响程度的调节系数。

怒江流域植被健康指数见图 7-5。

图 7-5　怒江流域植被健康指数

三、 怒江流域经济社会因子评价

在自然经济条件下，土地的利用主要依据土地的自然条件而定。在商品经济、市场经济条件下，土地的利用会更多地考虑经济因素。所谓经济因素，就是影响土地利用后的经济效益、经济价值的因素，其核心就是土地产出物的价值及获得这些产出物的投入。除自然、经济因素以外的因素都可归入社会因素，包括政策、法规、传统风俗习惯等。

利用 2009 年土地利用图，根据土地利用类型所揭示的社会经济贡献以及水能资源开发可能对土地利用类型产生的影响，将不同土地利用类型赋予 0～1 之间的参数，用以间接评价社会经济参数。怒江流域土地利用图见图 7-6。以土地利用表征的社会经济贡献见表 7-4。

表 7-4　以土地利用表征的社会经济贡献

编码	社会经济贡献因子	土　地　利　用
11	0.7	洪泛区或水田
14	0.5	雨养农田
20	0.5	农田(50%～70%)/植被(20%～50%)
30	0.4	植被(50%～70%)/农田(20%～50%)
40	0.3	覆盖度(＞15%)，阔叶常绿或半落叶林(＞5m)
50	0.4	覆盖度(＞40%)，阔叶林(＞5m)
60	0.3	覆盖度(15%～40%)，阔叶林(＞5m)
70	0.4	覆盖度(＞40%)，针叶林(＞5m)
90	0.3	覆盖度(15%～40%)，针叶落叶或落叶林(＞5m)
100	0.3	覆盖度(＞15%)，针阔混交林(＞5m)
110	0.3	林地或灌木(50%～70%)/草地(20%～50%)
120	0.2	草地(50%～70%)/林地或灌木(20%～50%)
130	0.3	覆盖度(＞15%)，灌木(＜5m)
140	0.2	覆盖度(＞15%)，草本植被
150	0.1	覆盖度(＜15%)，灌木和乔本植被
160	0.2	覆盖度(＞15%)，洪泛区阔叶林
170	0.3	覆盖度(＞40%)，洪泛区灌木
180	0.2	覆盖度(＞15%)，洪泛区草本植被
190	0.9	城市化区域＞50%
200	0	裸地
210	0.2	水体
220	0	永久冰川
230	0	没有数据

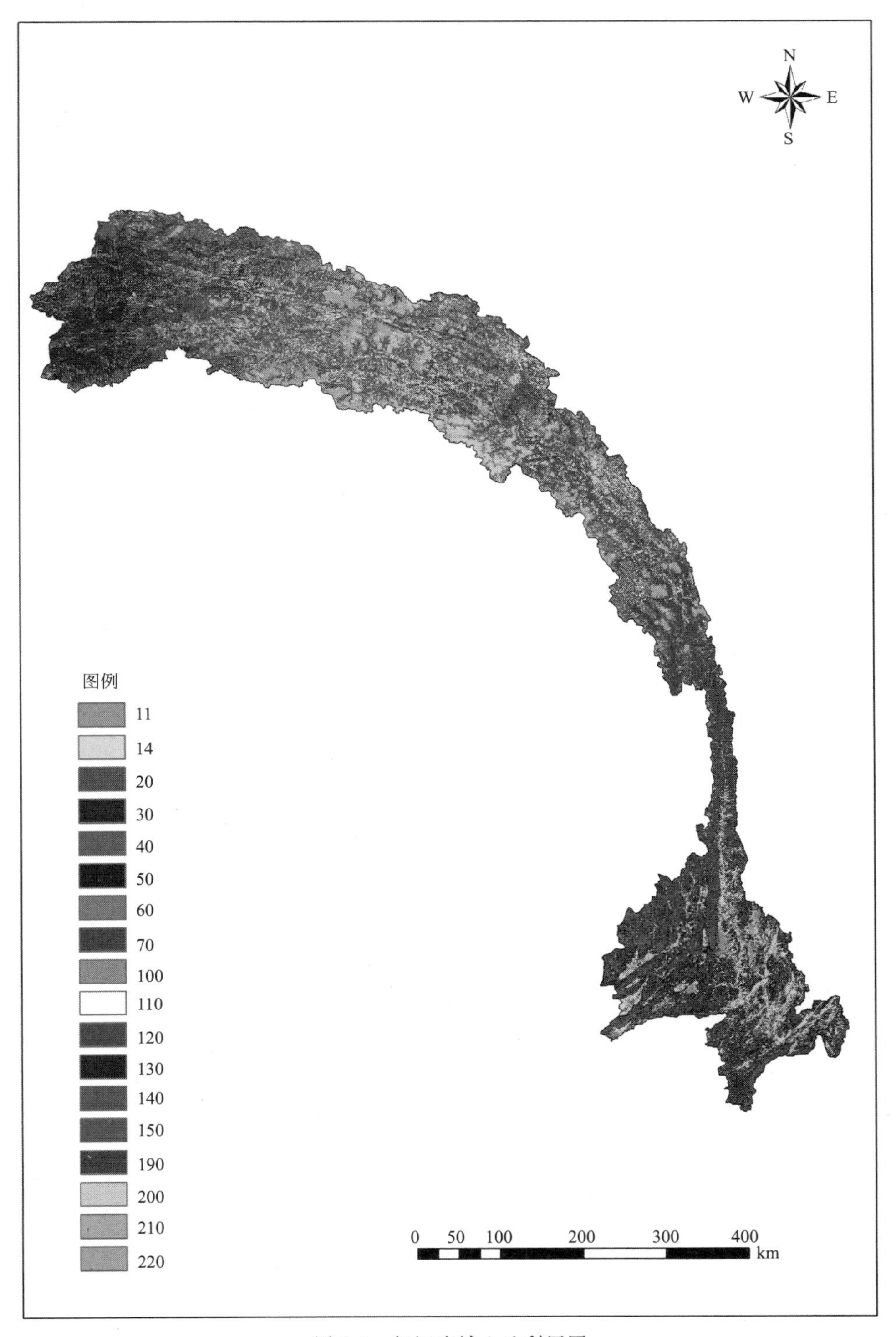

图 7-6　怒江流域土地利用图

四、怒江流域水能资源开发适宜性逐级递进评价

一次、二次评价中的限制开发河段仍然保留原结果，不参与三次评价计算。根据管理的需求，设置三种情景——生态优先模式、经济优先模式、协调发展模式。

采用几何平均法对不同序参量对于系统有序程度贡献的集成来表示总贡献量的大小，即协调度函数可以表示为

$$C_n(x)=\left[\prod_{i=1}^{n}U_A(P_i)\right]^{1/n} \tag{7-1}$$

式中，$C_n(x)$ 称为生态、经济系统协调度，且有 $C_n(x)\in[0,1]$。

协调度反映了两个系统之间的协调程度，但是不能反映出对应时间点系统当时所处的发展水平，因此，将协调度与系统的发展水平进行综合，表示系统的协调发展度，表现为总体效益的增长。设系统现状（或者一初始时刻）系统协调度为 $C_n^0(x)$，对于系统在发展演变过程中的时刻 t 而言，其协调度为 $C_n^t(x)$，当 $C_n^t(x)>C_n^0(x)$ 时，系统是协调发展的。因此，在满足上述条件的情况下其复合系统的协调度用公式表述如下：

$$C_2(x)=C_n^t(x)-C_n^0(x) \tag{7-2}$$

式中，$C_2(x)$ 为系统协调度，且 $C_2(x)\in[-1,1]$。若要保证 $C_n^t(x)>C_n^0(x)$，系统是协调发展的，则 $C_2(x)\in[0,1]$。

多目标决策问题的解决方法一般是依据各单项目标权重将多目标问题化为单目标问题进行求解，而目标权重的确定并无统一的理论和方法，在实际操作过程中有一定的难度。利用欧式距离的含义，通过对目标函数的总体协调，实现生态目标和协调发展目标的协调控制。

多目标决策实际上就是将规划得到的各个单项目标值与相应的理想值进行比较，分析规划值与理想值之间的接近程度。样本间的相似程度可以采用样本间的距离来度量，两向量间的距离越小就越相似，越接近。根据欧式距离的定义，首先定义三个距离公式。

规划值与理想值之间的欧式距离

$$h_1=\sqrt{[C_1(x)-1]^2+[C_2(x)-1]^2}$$

规划值与下限值之间的欧式距离

$$h_2=\sqrt{[C_1(x)]^2+[C_2(x)]^2}$$

图 7-7　协调发展模式下水能资源开发适宜性评价图

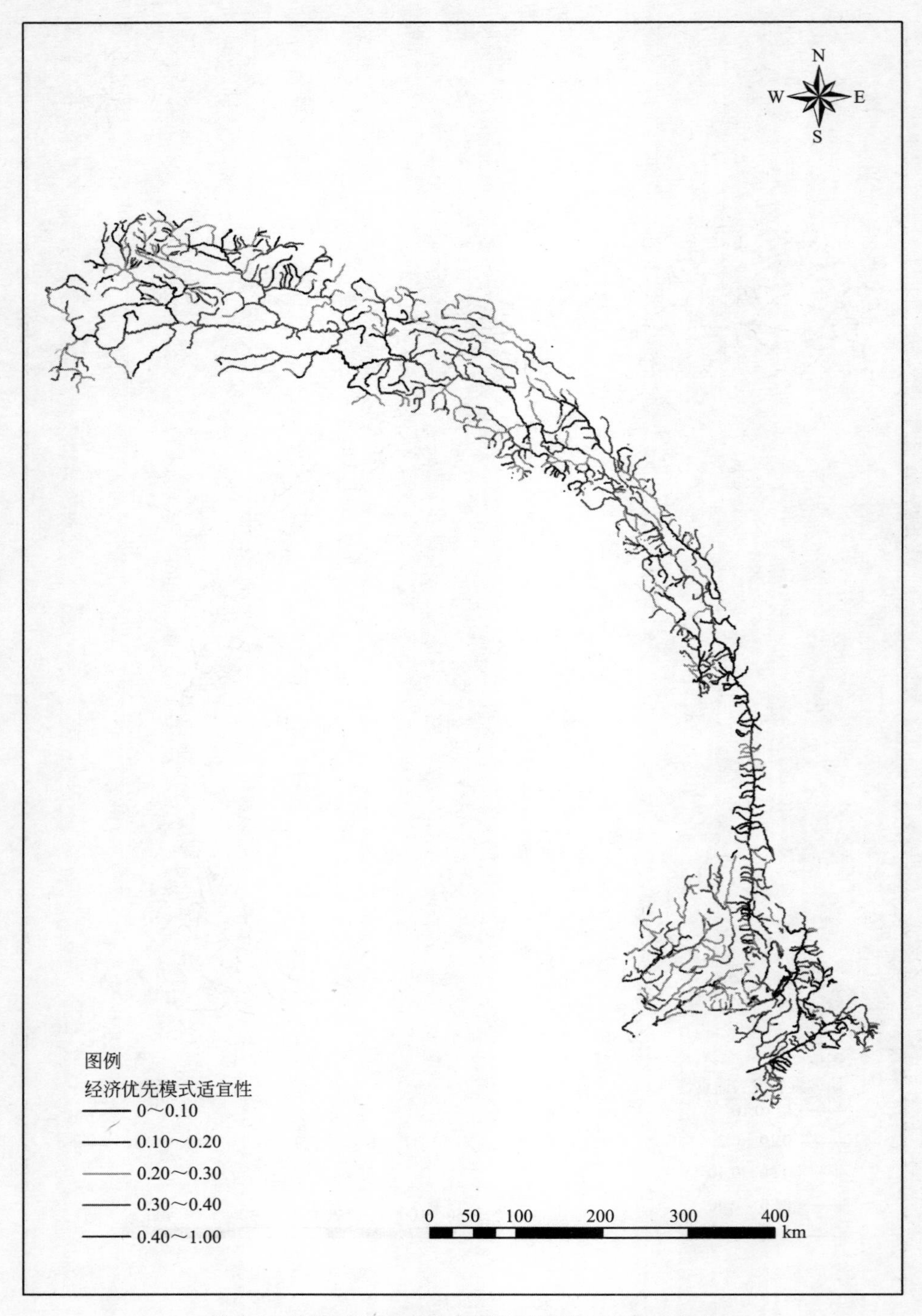

图 7-8 经济优先模式下水能资源开发适宜性评价图

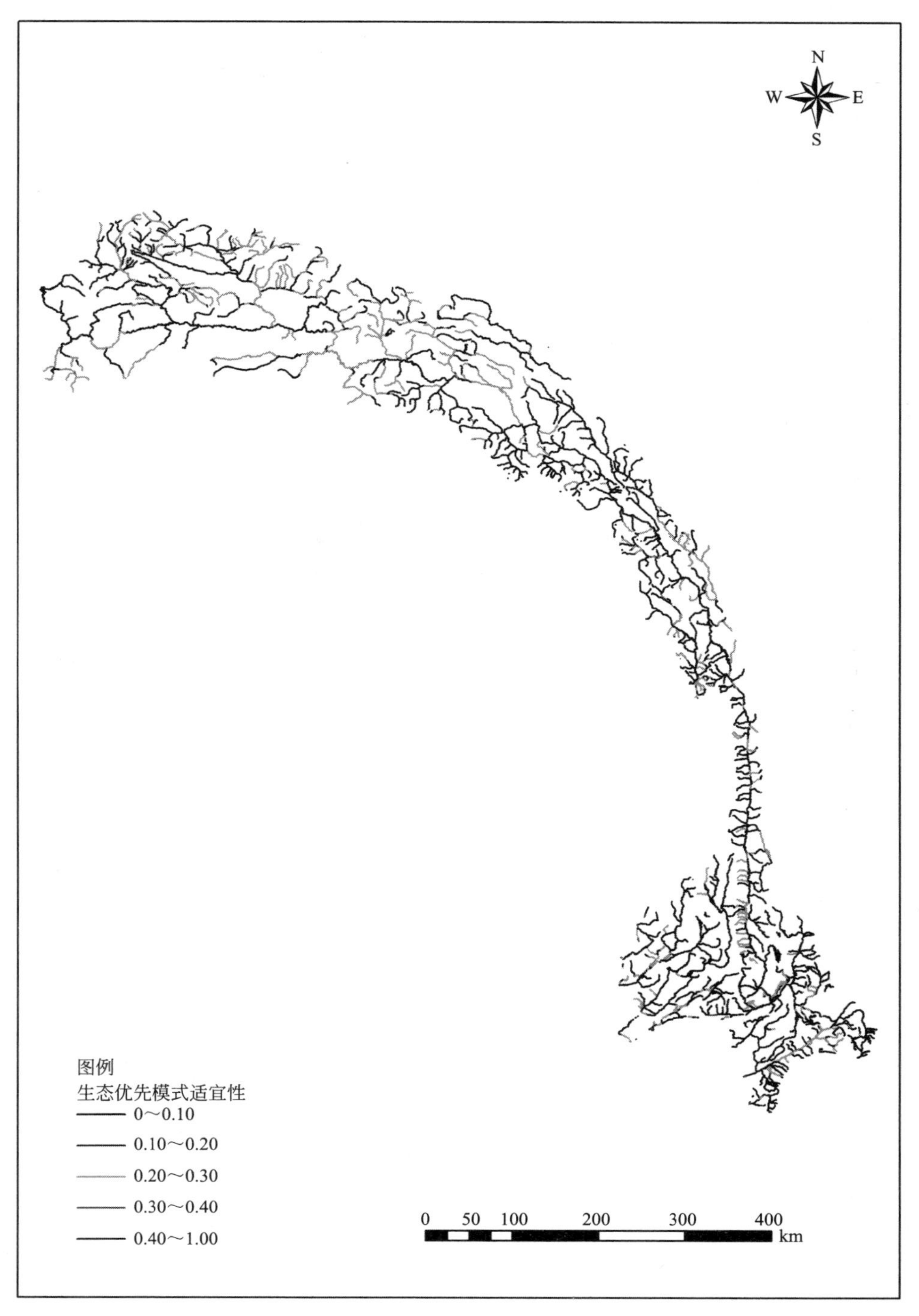

图 7-9　生态优先模式下水能资源开发适宜性评价图

理想值与下限值之间的欧式距离

$$h_3=\sqrt{(1-0)^2+(1-0)^2}=\sqrt{2}$$

根据上式定义目标协调函数为

$$\lambda(x)=\frac{h_1+h_2}{h_1+\sqrt{2}}$$

可以推断，$0.5\leqslant\lambda(x)\leqslant1$，$\lambda(x)$ 随着目标函数的增大而单调增加。当生态目标和协调发展目标值均达到理想值时，决策者最为满意，目标协调函数值为1，对应于折中模式下的水能资源开发情景；当生态目标和协调发展目标均为下限值时，目标整体协调函数值为0.5，两端分别对应经济优先发展模式和生态优先发展模式水能资源开发情景。因此，$\lambda(x)$ 可用来度量生态目标和协调发展目标的协调程度。以上目标函数中 $C_1(x)$ 为分段函数，可以根据具体问题分段进行求解。

根据适宜度指数，将水能资源开发适宜性分为以下级别：适宜性指数＞0.4，适宜开发；0.4＞适宜性指数＞0.3，较适宜开发；0.3＞适宜性指数＞0.2，较不适宜开发；0.2＞适宜性指数＞0.1，不适宜开发；0.1＞适宜性指数＞0，极不适宜开发。

① 在协调发展模式下，为了保证社会经济发展与生态系统健康，避免生态风险，怒江中游关键保护区、怒江源头、怒江下游右岸支流源头不适宜进行水能资源开发；怒江中下游适宜进行水能资源开发；其他区域应在有保护措施的前提下进行适度开发。协调发展模式下适宜性评价图见图 7-7。

② 在经济优先模式下，为保证社会经济发展，除了怒江源头部分支流之外，其他区域均适合开发，但是开发过程中应关注生态系统稳定性，避免生态风险发生。经济优先模式下适宜性评价图见图 7-8。

③ 在生态优先模式下，怒江大部分区域不适宜开发；可在保证生态系统健康和规避生态风险的前提下，对部分支流进行适度开发。生态优先模式下适宜性评价图见图 7-9。

第八章　面向水电开发适宜性调度的浮游植物碳流评估与调控

水电开发适宜性指标体系涉及水电站造成影响的各个方面，可以对其进行全面的评价，有利于科学研究和总体把控。但是对于管理者而言，他们不仅需要了解水电开发建设的环境适宜情况，还需要了解当出现不适宜的问题时，有没有一个行之有效、简便快捷的解决办法。综合指标体系涉及的内容过多，首先，需要管理者投入大量的精力进行评估工作。其次，在实际工作中，并不是所有指标都能进行有效的调控。因此我们为管理者提供了一种相对简便快捷的判断工具——浮游植物碳流流势指数，并给出了相应的调控建议。

第一节　浮游植物碳流量分析方法

一、浮游植物碳含量计算

浮游植物是水生态系统中主要的初级生产力，对环境因子的改变响应敏感而复杂，它对水生态系统状态的变化具有很好的指示作用。并且，浮游植物作为水生态系统的初级生产者，它的改变还会引起水生态系统中食物网结构的改变，进而对水生态系统的物质传递、能量流动和信息传播造成影响。浮游植物的碳生物量在为更高水平营养级生物提供足够食物的工作中，扮演着重要的角色，碳的转移通过沉降的颗粒以及水生态的初级生产力来实现。

建坝前（1984 年）的浮游植物信息来源于文献，建坝后的数据采用 2012 年 4 月、7 月和 9 月课题组成员在澜沧江漫湾采集的样品。采样点如图 8-1 所示，选用漫湾附近的采样点，其中 M1、M2、M3、M4、M5、M6 位于漫湾上游，

M7、M8 位于漫湾下游。M1～M6 为从漫湾大坝坝前至小湾大坝下游 6km 处，每隔 6～7km 一个点位。M7～M8 为漫湾大坝下游 6km 和 9km 处。采用 2012 年 4 月、7 月和 9 月采集的数据，包括采样点流速、浮游植物的种类及个体数浓度。浮游植物碳含量和碳流量空间分析采用 2012 年在 M1～M8 的数据。在时间分析上，为了使浮游植物碳含量具有可比性，我们从布设的采样点中选择了与 1984 年和 1997～1998 年采样处接近的采样点，为漫湾大坝下游 6km、9km。

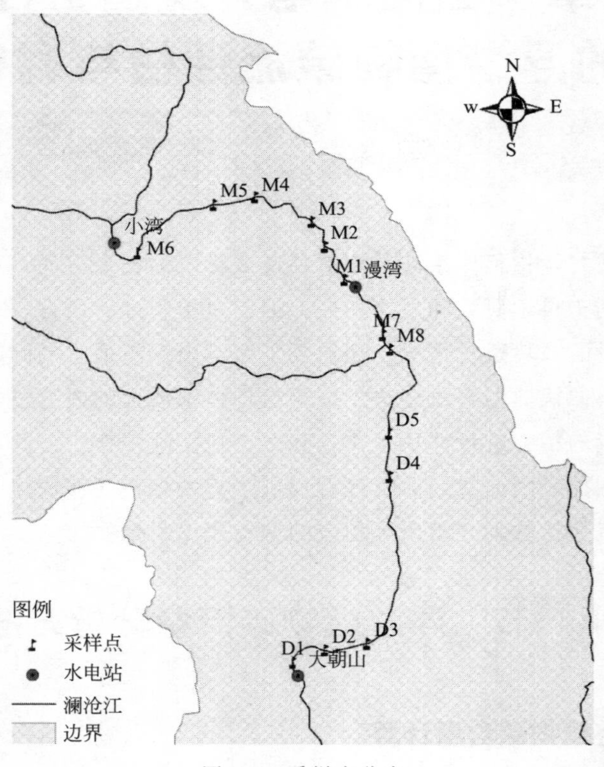

图 8-1 采样点分布

(1) 采样工具 采样所用的仪器设备有采样船、浮游生物网（孔径 64μm）、玻璃采水器（1L、5L）、1000mL 聚乙烯瓶（用于水样和浮游藻样品的采集）、哈希 pH 计、溶解氧探头、哈希 DR2800 水质分析仪、River Surveyor M9 河流调查者-声学多普勒水流剖面仪、采样记录表。

化学试剂采用鲁哥氏液，将 6g 碘化钾溶解在蒸馏水中，再加入 4g 碘，定容在 100mL 棕色玻璃瓶中。

(2) 数据采集 为保证实验数据的精确度和可靠度，每个指标均做 2 个平行样。水样具体测定方法如下。

① 水质测定

a. pH 值

仪器：哈希 pH 计。

测量方法：测量仪器经过校准后，首先用蒸馏水仔细冲洗电极，接着用水样冲洗，最后将电极浸入水样中，仔细搅拌或摇动使水样均匀，读数稳定后，在采样记录表中记录 pH 值。

b. 溶解氧

仪器：哈希溶解氧仪。

测量方法：首先将电极进行校准，然后将电极浸没于水样中，并且保证溶解氧感应处也浸没于水样中。在每一次的测量过程中，需要一定时间使电极和被检测水样之间达到热平衡。

c. 化学需氧量

设备：哈希 DR2800 水质分析仪。

测量方法：使用玻璃瓶对样品进行采集，采用硫酸（2mL/L）对水样进行处理，使得 pH 值小于 2 便于保存。在进行测量时，整个测量过程速度要尽可能快，以确保样品处于生物学上的活动状态。对含有固体的样品首先要进行均匀化处理，以确保样品具有代表性。

d. 总氮

仪器：哈希 DR2800 水质分析仪。

测量方法：使用玻璃瓶对样品进行采集。同样采用硫酸（2mL/L）处理样品，使样品 pH 值小于 2 便于保存，储存温度保持在 4℃以下。分析前，将样品加热至 15～25℃，用 5mol/L 氢氧化钠进行中和。

e. 氨氮

仪器：哈希 DR2800 水质分析仪。

测量方法：使用玻璃瓶收集样品。倘若有氯存在，在浓度为 0.3mg/L Cl_2 的 1L 样品中滴加 0.1mol/L 的硫代硫酸钠。同样采用硫酸（2mL/L）处理样品，使样品 pH 值小于 2 便于保存，储存温度保持在 4℃以下。分析前，将样品加热到 15～25℃，并用 5mol/L 氢氧化钠进行中和。

② 流量测定

仪器：River Surveyor M9 河流调查者-声学多普勒水流剖面仪。

测量方法：首先将仪器进行校准，接着将仪器浸没在河流总深度的 40%处，在距离河岸每隔 10m 处测数，最后对所有数据求平均值。

③ 浮游植物测定

仪器：1000mL 聚乙烯瓶。

化学试剂：鲁哥氏液。

浮游植物定量用标本每个水样采 1000mL，加入用量为水样量 1.5%的鲁哥氏液，带回后静待 48h 后再定容至 30mL，并加入 4%的福尔马林液进行固定。

浮游植物的定量方法为沉淀法。观测前需要将样品充分摇晃均匀，使用 OLMPUS C41 型普通显微镜对浮游植物的数量和种类进行鉴别。浮游植物数量的测定采用 Fuchs-Rosental 计数板。

二、 浮游植物碳流量计算

碳流与河流流量有相似性，河流作为生态系统的载体，为生态系统生存发展提供物质环境，河流水文情势的改变影响着生态系统内部生物的生存、生长和繁衍。Richter 等在 1996 年提出了水文变动指标（Indicators of Hydrological Alteration，IHA)，其中月平均径流对水生生物的栖息地、土壤的湿度、陆生生物的水资源、水体的水温、溶解氧等产生影响。碳流量包含浮游植物的碳含量，是建立在生物特性上的流量。碳流量包含了水流和浮游植物、环境和生物两种物质的信息。

碳流量的计算公式为：

$$f_c = f_h \times C_c \times d_p \tag{8-1}$$

式中，f_c 为浮游植物在河流中的碳流量，mg/s；f_h 为河流流量，L/s；C_c 为浮游植物的细胞碳含量，mg/cell；d_p 为浮游植物的细胞数浓度，cell/L。

偏离量的计算公式为：

$$D = \frac{f_{cpos} - f_{cpre}}{f_{cpre}} \tag{8-2}$$

式中，D 为偏离量，%；f_{cpos} 为建坝后的碳流量；f_{cpre} 为建坝前的碳流量。

三、 碳流流势指数

指标体系综合评价的优点在于可以对水电开发涉及的各个系统进行全面的评估。不足之处在于，对于管理者而言，他们更希望通过简单的工具来判断水电开发的适宜性。并且指标体系虽然能够全面地找出具体受影响较大的对象，但是对于管理者而言，有些对象是不可调的，因此我们需要建立一个判断工具便于管理者的实际工作。

这里我们建立碳流流势指数（Carbon Flow Regime Index，CFRI）来观察碳流的年内分布变化。碳流流势指数参考了芬兰的 Haghighi 提出的河流情势指数（River Regime Index，RRI），它是一种研究河流情势变化的无量纲指数。

我们这里建立的碳流流势指数可以用于研究土地利用改变、建设水库和水电站对碳流流势的改变，该指数包含以下概念。

1. 单位碳流

该指数中定义的单位碳流，是指将碳流流量转变为所占每年 10^8 mg 碳流量比例的流量。将每月碳流量直接转化为所占年碳流量的比例，比如月碳流量为 2×10^7 mg，则它对年流量的贡献为 20%。每月碳流量的原始数据乘以因素 η，因素 η 的计算公式如下：$\eta=U/Q_a$，其中，U 是流量扩展单元，指每年 10^8 mg（100million miligram，100MM）的碳流量或者指年碳流量的 100%；Q_a 是指年平均碳流量的原始数据。经过这样的处理后，可以让不同类型、不同大小的碳流量进行年内径流量的比较。

2. 碳流流势指数

碳流流量的时间变化可以由两个极端来界定，一个极端是月碳流量恒定的均一管理河流，另一个极端是所有碳流量只发生在一个月的干旱河流。均一管理河流的碳流量为 8.333×10^6 mg（8.333MM），其中 8.333×10^6 mg 由 10^8 mg 平均分成 12 份计算而得。干旱河流的碳流量是指 12 个月中只有一个月的碳流量为 1 亿立方米，其他月份的碳流量均为 0。在这两种极端河流中，还有一种河流成为季节性河流。我们将一年分为 4 个季节，每个季节为 3 个月。河流有干旱、半干旱、半湿润、湿润四个季节，相似的，碳流量也有这样四个季节。这四个季节的碳流量分别为 10MM、20MM、30MM、40MM。选择碳流量最高的季节河流作为两种极端河流的中间状态，因此季节河流的碳流量为 13.333MM，其中 13.333MM 由 40MM 平均分成 3 份计算得出。

定义碳流流势指数之前先定义每月碳流流势点（Monthly Carbon Flow Regime Point，MCFRP），每月碳流流势点用 0～100 的数值来将碳流流势进行等级划分。当每月流量不同于（大于或者小于）8.333MM 时，每月碳流流势点就会增加。对于均一管理河流来说，$Q=8.333$，MCFRP$=0$；对于干旱河流来说，$Q=0$ 或者 $Q=100$，MCFRP$=100$，其中，Q 表示长时间段的平均月单元碳流量。

每月碳流流势点的计算公式如下：

如果 $0\leqslant Q\leqslant 8.333$，则 $\quad \mathrm{MCFRP}=-12\times Q+100$ (8-3)

如果 $8.333<Q\leqslant 13.333$，则 $\quad \mathrm{MCFRP}=12\times Q-100$ (8-4)

如果 $13.333<Q\leqslant 100$，则 $\quad \mathrm{MCFRP}=0.46\times Q+53.85$ (8-5)

碳流流势指数的计算公式如下：

$$\mathrm{CFRI}=\sum_{i=1}^{12}\mathrm{MCFRP}(i) \tag{8-6}$$

式中，i 为月份数。当 CFRI＝0 时，则为碳流量均一管理河流；当 CFRI＝1200 时，则为碳流量极端分布的干旱河流。一般地，受到人为调节后河流的 CFRI 较调节前趋近于 0。

第二节　漫湾浮游植物含碳量

一、漫湾水电站浮游植物细胞碳含量

根据文献统计，1984 年，漫湾库区浮游植物个体数平均为 12.15×10^4 个/L。1997—1998 年，浮游植物个体数为 30.64×10^4 个/L，细胞数为 72.82×10^4 个/L（原文用 1997 年 5 月和 1998 年 4 月的数据取平均值而得）。两个时期的个体数相比较，1997—1998 年浮游植物个体比 1984 年增加了 152.2%。据统计，1984 年浮游植物的种类分为蓝藻门、红藻门、金藻门、轮藻门、硅藻门和绿藻门。1997—1998 年浮游植物的种类分为蓝藻门、红藻门、金藻门、硅藻门、绿藻门、黄藻门、裸藻门、隐藻门和甲藻门。

根据相关文献数据，对蓝藻门、甲藻门、硅藻门和绿藻门等细胞碳含量进行研究，各藻类的细胞含碳量见表 8-1。由表可知，1997—1998 年出现了甲藻门植物，蓝藻门和绿藻门较 1984 年增加了植物种类，硅藻门的双壁藻属在1997—1998 年并未出现。建坝前后浮游植物细胞碳含量见表 8-1。

表 8-1　漫湾库区浮游植物细胞碳含量

种类	细胞碳含量/(pg/cell)	1984 年	1996—1998 年	2012 年
蓝藻门				
固氮鱼腥藻	453.80	√		
巨颤藻	1878.97	√	√	√
微囊藻属	2.07		√	
银灰平裂藻	1.22		√	
大螺旋藻	653.42			√
甲藻门				
多甲藻属	103084.59		√	√
角甲藻	11563.38		√	
硅藻门				
变异直链藻	425.46	√	√	
扭曲小环藻	272.36	√	√	√
星形冠盘藻小型变种	3017.48	√	√	
尖布纹藻	314.84	√	√	
双壁藻属	1746.57	√		
舟形藻属	202.78	√	√	√
卵圆双眉藻	625.82	√	√	√
膨胀桥弯藻	601.87	√	√	√

续表

种类	细胞碳含量/(pg/cell)	1984年	1996—1998年	2012年
菱形藻属	390.1	√	√	
平板藻	143.48		√	
星杆藻	72.52		√	
针杆藻属	640.95		√	√
马鞍藻	1502.77		√	
颗粒直链藻	197.35			√
笔尖根管藻粗径变种	16818.87			√
绿藻门				
四尾栅藻	68.67	√	√	
四角十字藻	12.04	√	√	
布莱鼓藻	20.17	√	√	
射盘星藻	168.31		√	
格孔单突盘星藻	507.66		√	

二、浮游植物碳含量空间变化分析

以2012年4月、7月、9月在采样点M1～M8采集的浮游植物数据来分析浮游植物碳流量的空间变化。表8-2～8-4表反映各采样点在4月、7月、9月的浮游植物个体数浓度。

表8-2　2012年4月采样点浮游植物个体数浓度　单位：10^4 个/L

项目	M1	M2	M3	M4	M5	M6	M7	M8
绿藻门	0	0	1	0	0	1	0	0
蓝藻门	0	25	64	0	174	0	0	0
硅藻门	670	639	1209	875	837	1529	1058	1029
甲藻门	21	8	1	0	0	0	0	10

表8-3　2012年7月采样点浮游植物个体数　单位：10^4 个/L

项目	M1	M2	M3	M4	M5	M6	M7	M8
绿藻门	0	0	0	0	0	0	0	0
蓝藻门	17	22	7	34	39	18	7	25
硅藻门	9	6	6	6	12	6	4	6
甲藻门	0	0	0	1	0	0	0	0

表8-4　2012年9月采样点浮游植物个体数　单位：10^4 个/L

项目	M1	M2	M3	M4	M5	M6	M7	M8
绿藻门	0	0	0	0	0	0	0	0
蓝藻门	0	0	5	0	1	0	0	0
硅藻门	4	7	7	6	5	3	6	6
甲藻门	0	0	0	0	0	0	0	0

对比 2012 年 4 月、7 月和 9 月的数据，可以看到从 4 月开始浮游植物个体数的趋势是减小，并且减小的变化是非常明显的。4 月份浮游植物个体数总体远远大于 7 月和 9 月。

图 8-2 中的采样点按照相对于漫湾水电站从上游到下游、由远及近的顺序排序。采样点 M6 距离漫湾水电站最远，距漫湾水电站上级水电站小湾 6km。M6 的浮游植物月平均个体数最多，其次是采样点 M3。距离漫湾水电站较近的 M1、M2 浮游植物个体数较少，下游 M7、M8 浮游植物个体数相较 M1、M2 增加了约 50.8%。

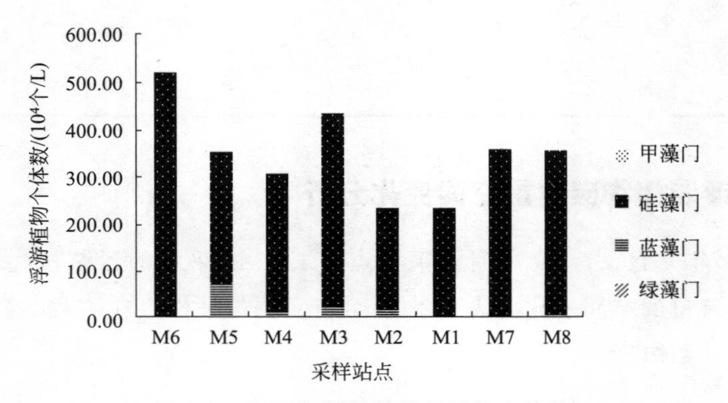

图 8-2　2012 年浮游植物月平均个体数

根据浮游植物个体数与细胞数的比值，计算出各种类浮游植物的细胞数。我们设定个体数与细胞数的比值是恒定不变的，根据 1997～1998 年的个体数与细胞数比值来进行计算。细胞碳含量根据不同藻类的细胞碳含量求平均值，计算各门类的细胞碳含量。经计算可知，三个月份甲藻门细胞碳含量最大，2012 年 4 月浮游植物细胞碳含量范围为 46.8～103084.59pg/cell，其中绿藻门碳含量最小。7 月细胞碳含量范围为 423.52～103084.59pg/cell，其中碳含量最小的为硅藻门。9 月细胞碳含量范围为 272.36～103084.59pg/cell，其中碳含量最小的也为硅藻门。根据浮游植物细胞数与细胞碳含量计算得出浮游植物碳含量，计算结果见表 8-5。

表 8-5　2012 年 4 月、7 月和 9 月不同月份浮游植物碳含量　单位：mg/L

月份	M6	M5	M4	M3	M2	M1	M7	M8
4 月	47.73	28.17	19.82	6.73	10.76	24.01	25.61	35.42
7 月	0.03	0.3	0.03	0.12	0.02	0.02	0.02	0.33
9 月	0.02	0.03	0.03	0.1	0.03	0.52	0.42	0.32
平均	15.93	9.50	6.63	2.32	3.60	8.18	8.68	12.02

整体上来看，各采样点的浮游植物碳在 4 月份最高，比其他两个月份的平均碳含量高出了约 169 倍。7 月份和 9 月份浮游植物碳含量差别不大。各采样点在 4 月、7 月、9 月碳含量变化起伏大。4 月，最大值 M6 浮游植物碳含量为 47.73mg/L，最小值 M3 浮游植物碳含量为 6.73mg/L，前者与后者相比增加了 609.2%。7 月，最大值 M8 浮游植物碳含量为 0.33mg/L，最小值 M2 和 M7 浮游植物碳含量为 0.02mg/L，两者相差 16.5 倍。9 月最大值 M7 浮游植物碳含量为 0.42mg/L，最小值 M6 浮游植物碳含量为 0.02mg/L，两者相差 21 倍。从 4 月、7 月、9 月浮游植物平均碳含量来看，从小湾水电站下游到漫湾水电站，整体呈现“U”形的变化趋势。最大值出现在 M6（小湾水电站下游 6km），最小值出现在 M3，之后到漫湾下游 9km 逐渐上升。可见处于靠近水电站下游的浮游植物碳含量较高，接着随之降低到最低浓度，在接近下一个水电站时碳含量又再次增加。

三、 浮游植物碳含量时间变化分析

三个时期，1997～1998 年浮游植物种类数最多，有 23 种。从 1997 年开始出现了甲藻门。表中 2012 年采样点绿藻门种类数为 0，并不代表 2012 年采样点没有绿藻门，而是由于参考文献能查到的物种细胞碳含量有限，导致 2012 年采样点采集的绿藻门没有找到相应的细胞碳含量。

如图 8-3 所示，三个时期浮游植物的优势物种为硅藻门，2012 年硅藻门的个体数占总数的 94%。各类藻属个体数随着时间的推移增长，漫湾一期投入使用后浮游植物的个体数为建坝前的 2.5 倍，漫湾水电站自 1998 年全部正式运行 14 年后浮游植物的个体数是漫湾水电站全部竣工时的 24.2 倍。漫湾水电站正式投产后浮游植物数量出现了巨大的增长。

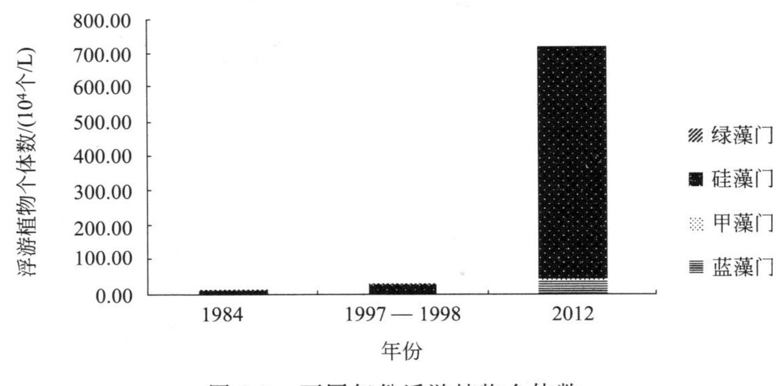

图 8-3　不同年份浮游植物个体数

1997—1998年，浮游植物个体数为30.64×10^4个/L，细胞数为72.82×10^4个/L，细胞数与个体数的比值约为2.38。由于缺乏1984年的细胞数数据，根据1997—1998年细胞数与个体数的比值大致计算出1984年的细胞数，为28.88×10^4个/L。2012年浮游植物个体数为722.5×10^4个/L，细胞数为1764×10^4个/L。

1984年2月，蓝藻门细胞平均碳含量为1166.38pg/cell，硅藻门细胞平均碳含量为844.14pg/cell，绿藻门细胞平均碳含量为33.63pg/cell。1997年5月和1998年4月，蓝藻门细胞平均碳含量为1166.39pg/cell，甲藻门细胞平均碳含量为57323.99pg/cell，硅藻门细胞平均碳含量为684.20pg/cell，绿藻门细胞平均碳含量为155.37pg/cell。2012年4～7月，蓝藻门细胞平均碳含量1266.20pg/cell，甲藻门细胞平均碳含量为103084.59pg/cell，硅藻门细胞平均碳含量为2468.76pg/cell。比较两个时期的数据，甲藻门细胞平均碳含量最高，其次为硅藻门，绿藻门细胞碳含量最低。经计算，1984年蓝藻门平均碳含量为0.0047mg/L，硅藻门平均碳含量为0.2450mg/L，绿藻门平均碳含量为0.0001mg/L。1997—1998年，蓝藻门平均碳含量为0.0120mg/L，甲藻门平均碳含量为0.6021mg/L，硅藻门平均碳含量为0.4539mg/L，绿藻门平均碳含量为0.0068mg/L。2012年蓝藻门平均碳含量为2.43mg/L，甲藻门平均碳含量为10.57mg/L，硅藻门平均碳含量为40.95mg/L。

根据图8-4中所示，硅藻门碳含量在1984年和2012年占总碳含量的比例最高，1997—1998年甲藻门碳含量占总碳含量的56.0%，硅藻门碳含量位居第二，占总碳含量的42.2%。图中，2012年甲藻门所占比例与对应柱状图相比有了明显的提升，是由于甲藻门的细胞碳含量较高。

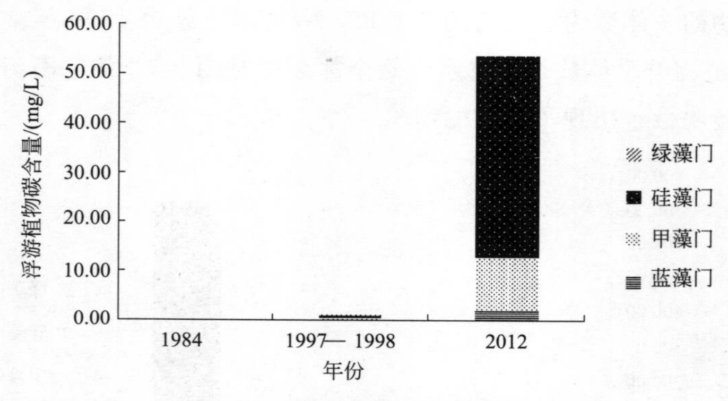

图8-4 不同年份浮游植物碳含量

总体来看，1997年5月～1998年4月硅藻门碳含量最高，其次是绿藻门（图8-5）。1997年8月绿藻门碳含量最高，占所有藻类碳含量的70%，硅藻门碳含量有了比较明显的下滑。

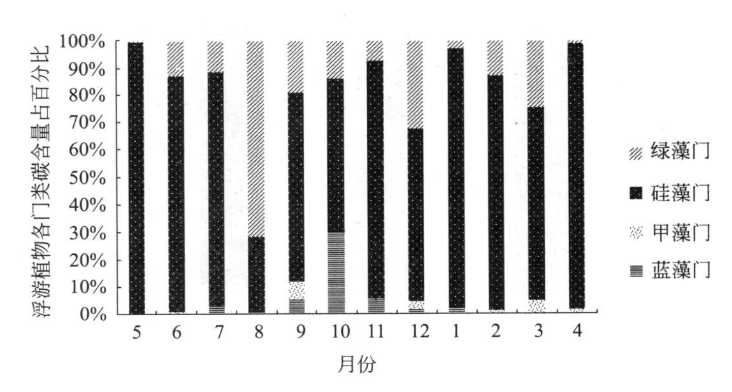

图 8-5　1997 年 5 月～1998 年 4 月浮游植物种类碳含量在各月份所占百分比

根据图 8-6 中所示，硅藻门碳含量从夏季到次年春季呈现出逐渐增加的趋势，绿藻门碳含量则呈现出逐渐减少的趋势，蓝藻门碳含量在秋季时达到了最大比例，甲藻门一直维持在一个比较低的比例。硅藻门碳含量所占的比重是甲藻门的 66 倍。

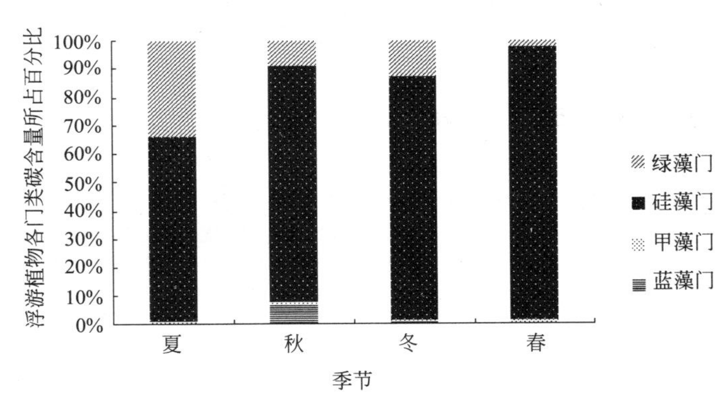

图 8-6　1997—1998 年不同季节浮游植物种类碳含量在各季节所占百分比

如图 8-7 所示，2012 年硅藻门碳含量总体所占比例最高，7 月时蓝藻门碳含量位于第一，为 62.8%，甲藻门碳含量始终维持在较低的比例。对比 1997—1998 年和 2012 年浮游植物种类碳含量的比例发现，硅藻门碳含量始终占所有浮游植物碳含量的最大比例，甲藻门碳含量始终维持在比较低的水平。但 2012 年 7 月蓝藻门碳含量有了明显的提升，1997 年 10 月蓝藻门碳含量在 12 个月内比例最高，为 30.0%。2012 年 7 月蓝藻门碳含量所占比例是 1997 年 10 月的 2 倍左右。1984 年浮游植物月平均碳含量为 0.2498mg/L，1997—1998 年浮游植物月平均碳含量为 1.0749mg/L，2012 年浮游植物月平均碳含量为 53.95mg/L。

建设漫湾水电站后浮游植物月平均碳含量呈上升的趋势，从 1997 年到 2012

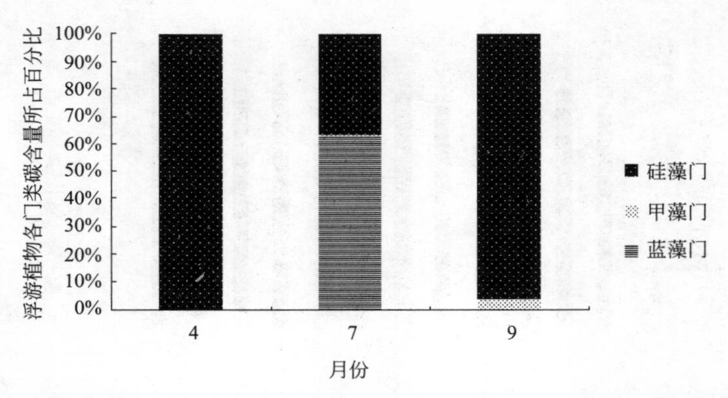

图 8-7　2012 年 4 月、7 月、9 月浮游植物种类碳含量在各月份所占百分比

年 15 年的时间内，碳含量增长了 4919%，一方面是因为 2012 年浮游植物个体数出现了大幅的增长，另一方面 2012 年浮游植物不同种类与 1984 年、1997—1998 年相比细胞碳含量更大。

第三节　漫湾浮游植物碳流分析

一、碳流量的空间变化分析

根据采样点测得的流量与浮游植物碳含量计算各采样点 4 月、7 月、9 月的碳流，再根据不同月份的碳流计算 2012 年的月平均碳流，结果见图 8-8。

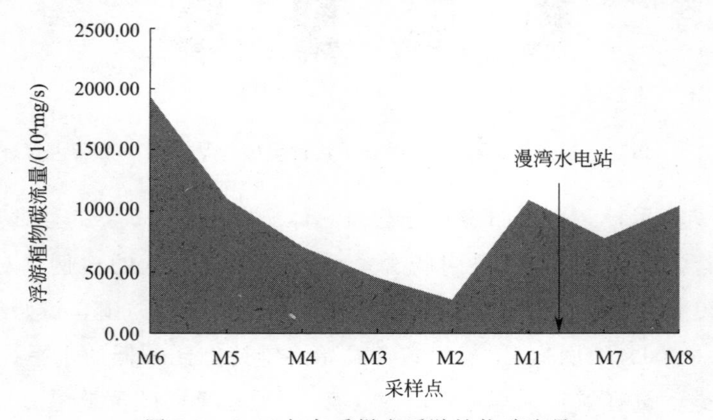

图 8-8　2012 年各采样点浮游植物碳流量

从空间分布来看，小湾水电站下游 6km 的 M6 碳流量最大，之后开始碳流量逐渐变小，在 M2 处达到碳流量的最小值。此后，碳流量又逐渐增大，漫湾坝前的 M1 碳流量达到极大值，之后漫湾坝下 M7 碳流量略有减少，至 M8 处又有

所增加。漫湾水电站对碳流量的变化有一定的影响，水电站的水库蓄水为浮游植物的生长提供环境，利于浮游植物的生长，使得水电站附近的碳流量值相对较大。

二、 碳流量的时间变化分析

对漫湾下游戛旧水文站的水文数据进行了建坝前后的IHA分析，建坝前采用1957—1992年的径流数据，建坝后采用1996—2007年的径流数据，数据见表8-6。利用IHA数据对碳流量数据进行分析，表8-7为计算所得的碳流变化特征值。

表 8-6　漫湾下游戛旧站径流量特征

径流变化特征值	径流量/(m^3/s)		偏离量/%
	建坝前	建坝后	
1月平均流量	418	664	58.85
2月平均流量	376	594	57.98
3月平均流量	407	526	29.24
4月平均流量	593	681	14.84
5月平均流量	874	988	13.04
6月平均流量	1681	1722	2.44
7月平均流量	2318	2571	10.91
8月平均流量	2627	2609	−0.69
9月平均流量	2247	2534	12.77
10月平均流量	1604	1713	6.80
11月平均流量	868	1166	34.33
12月平均流量	551	826	49.91

表 8-7　漫湾下游戛旧站碳流量特征

碳流变化特征值	碳流量/(10^4 mg/s)		偏离量/%
	建坝前	建坝后	
1月平均流量	10.44	741.00	6996.61
2月平均流量	9.39	684.58	7188.64
3月平均流量	750.23	3993.45	432.30
4月平均流量	1093.08	5312.20	385.98
5月平均流量	1611.05	7481.34	364.38
6月平均流量	121.04	1353.45	1018.19
7月平均流量	166.91	2012.09	1105.52
8月平均流量	29.33	2041.88	6861.21
9月平均流量	71.11	1305.67	1736.04
10月平均流量	50.76	864.77	1603.51
11月平均流量	3274.02	607.73	−81.44
12月平均流量	13.76	925.70	6625.51

分析表 8-7，建坝后的月平均碳流量比建坝前有了剧烈的增加，12 月碳流量平均偏离量为 2853.04%。3 月、4 月、5 月碳流量偏离量相对较低，并且数值变化不大。11 月偏离量最低为−81.44%，剩下的月份偏离量均在 1000%以上，其中 1 月、2 月、8 月、12 月偏离量达到 6000%。建坝前后碳流量在冬季变化较大。月平均碳流量的增加表明浮游植物每月的数量有了明显的增加。

对比水流量建坝前后的月变化和碳流量建坝前后的月变化（图 8-9 和图 8-10）可以发现，水流量在建坝前后变化并不明显，总体的变化趋势没有发生改变，流量的大小变化也不明显。仅从水流变化来看，并不能观察出漫湾建坝对河流生态的影响，而碳流量的变化则十分明显。

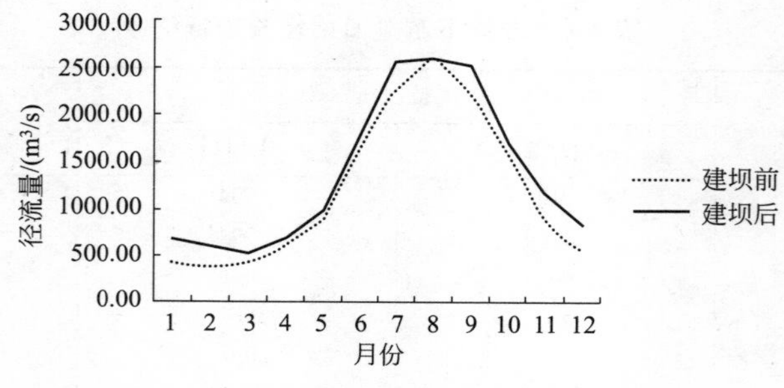

图 8-9　建坝前后流量月变化

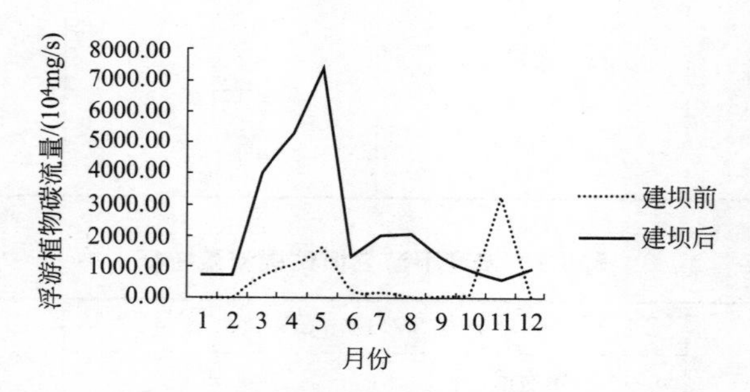

图 8-10　建坝前后浮游植物碳流量月变化

从碳流量大小来看，漫湾水电站建坝后月碳流量在量级上有了明显的增加，最大值是建坝前最大值的 2.3 倍，最小值是建坝前最小值的 64.7 倍。从时间分布来看，建坝前月碳流量的最大值出现在 11 月份，建坝后月碳流量的最大值出现在 5 月。

建坝前后碳流量两级相差较大，若直接用原始数据进行比较，不容易分析出建坝前后碳流的变化，这里计算漫湾浮游植物碳流流势指数。经计算，建坝前碳流流势指数为 946，建坝后碳流流势指数为 627。建坝前的碳流变化剧烈，建坝后由于水库的调节，碳流变化稍有平缓，说明建坝后浮游植物的生长在时间上的分布较平均。

碳流流势指数变化率计算公式：

$$R_c = \left| \frac{CFRI_l - CFRI_i}{CFRI_i} \right| \times 100\% \tag{8-7}$$

式中，$CFRI_i$ 为建坝前的碳流流势指数；$CFRI_l$ 为建坝后的碳流流势指数。浮游植物碳流流势指数变化率的等级标准见表 8-8。根据公式(8-7) 计算出漫湾浮游植物碳流流势指数变化率 33.72%，则等级为 2 级，与第三章漫湾水电开发适宜性指标体系综合评价结果相比低一个等级，但漫湾水电综合评价数值比等级划分的第 2 级标准中的最大值大 0.001，因此漫湾水电开发适宜性指标综合评价是接近 2 级标准的，两种方法的评价结果相差不大。当实际工作中采用了综合评价和碳流流势指数两种评价，并且这两种评价方法的计算结果产生差异时，以最小等级作为评价的最终等级。

表 8-8　浮游植物碳流流势指数变化率等级划分

等级	1	2	3	4	5
浮游植物碳流流势指数变化率	≥35%	25%～35%	15%～25%	5%～15%	≤5%

第四节　浮游植物碳流调控措施

根据建立的浮游植物碳流流势指数以及浮游植物的生长特点，本书提出了供管理者选择的浮游植物碳流具体调控措施，如图 8-11 所示。

① 建立长期的浮游植物数量、种类的监测工作，积累生物数据。

② 采用本书第四章提供的计算公式计算出浮游植物碳流量，计算建坝前后的碳流流势指数，每隔一段时间也需要将现状的碳流流势指数与前段时间的碳流流势指数相比较。

③ 计算出不同时间浮游植物碳流流势指数变化率，对照等级划分确定变化率等级。

④ 当评价等级大于或者等于四级时，可暂不进行调控。小于四级时则需要进行调控。

⑤ 由于浮游植物碳流与浮游植物生长有关，而河流的水文情势和水质状况影响着浮游植物的生长，因此通过调节河流水文情势和水质的方法进行浮游植物碳流的调节。

⑥ 河流流量方面，从流量大小、流量频率、最大最小流量的发生时间、历时

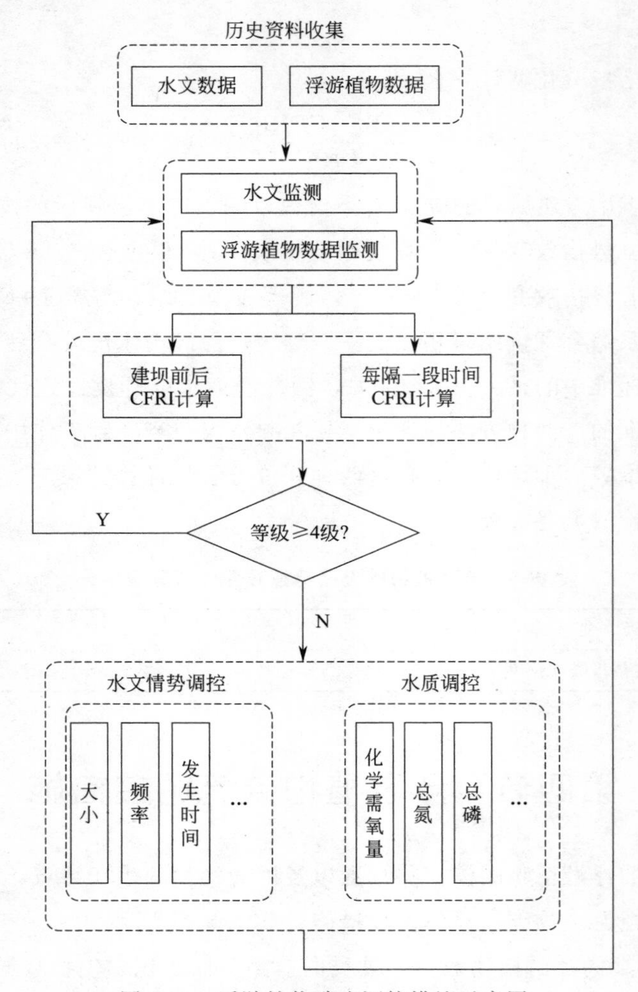

图 8-11　浮游植物碳流调控措施示意图

等方面进行调控。通过水库的调蓄产生人造洪峰，为浮游植物创造适宜的生长条件。梯级水电站对河流的调控能力比单级水电站更强，可以进行河流的联合调控。

⑦ 水质方面，对河流水质进行长期监控。经济相对落后的地区外来污染源主要是农业肥料和生活污水，应对当地居民进行科普知识宣传，通过合理施肥减少农业肥料的流失，改善居民个人生活习惯，减少生活污水的随意排放。

⑧ 管理者可以使用上述调控方法，使得碳流流势指数尽量趋近于建坝前的数值。

参 考 文 献

[1] Sidik M J，Rashed-Un-Nabi M，Hoque M A. Distribution of phytoplankton community in relation to

environmental parameters in cage culture area of Sepanggar Bay, Sabah, Malaysia [J]. Estuarine, Coastal and Shelf Science, 2008, 80 (2): 251-260.

[2] Sabater S, Artigas J, Durán C, et al. Longitudinal development of chlorophyll and phytoplankton assemblages in a regulated large river (the Ebro River) [J]. The Science of the Total Environment, 2008, 404 (1): 196-206.

[3] 李敦海，李根保，王高鸿等. 水华蓝藻生物质对沉水植物五刺金鱼藻生长的影响 [J]. 水生生物学报，2007，31 (5)：689-692.

[4] 张婷，宋立荣. 铜绿微囊藻（*Microcystis aeruginosa*）与三种丝状蓝藻间的相互作用 [J]. 湖泊科学，2006，18 (2)：150-156.

[5] Geider R J, Maclntyre H L, Kana T M. A dynamic regulatorymodel of phytoplanktonic acclimation to light, nutrients, and temperature [J]. Limnology and Oceanography, 1998, 43 (4): 679-694.

[6] Behrenfeld M J, Boss E. Siegel D A, et al. Carbon-based ocean productivity and phytoplankton physiology from space [J]. Global Biogeochemical Cycles, 2005, 19 (1).

[7] Westberry T, Behrenfeld M J, Siegel D A. Carbon-based primary productivitymodeling with vertically resolved photoacclimation [J]. Global Biogeochemical Cycles, 2008, 22 (2).

[8] 云南澜沧江漫湾水电站库区生态环境与生物资源 [M]. 云南：云南科技出版社，2000.

[9] Richter B D, Baumgartner J V, Powell J, et al. Amethod for assessing hydrologic alteration within ecosystems [J]. Conservation Biology, 1996, 10 (4): 1163-1174.

[10] Haghighi A T, Kløve B. Development of a general river regime index (RRI) for intra-annual flow variation based on the unit river concept and flow variation end-points [J]. Journal of Hydrology, 2013, 503: 169-177.

[11] 戴明. 珠江口及邻近海域浮游植物生态学研究 [D]. 上海：上海水产大学，2004.

[12] 贺玉琼，李新红，张培青. 水利工程对澜沧江干流水文要素的扰动分析 [J]. 水文，2009：93-98.